技术演化路径探测方法研究

——专利引用网络主路径视角

张 娴 著

科学出版社

北 京

内 容 简 介

本书借鉴工程和优化设计中的多目标优化思想，提出基于多目标优化的专利引用网络主路径分析模型及其解决方案，实现了基于多目标搜索的动态专利引用网络的主路径识别，并且分别面向新兴、成熟技术领域开展了应用案例研究。实验结果验证了本书所提出的多目标优化主路径方法与传统经典主路径方法相比，对于技术演化进程及关键节点识别、新兴技术主题演化动态探测、领域技术演化成熟度判断等具有更精确、更灵敏的识别效果以及更丰富、更有价值的决策参考意义。

本书可以作为高等院校与科研管理、技术创新管理与评价、知识产权分析、科技情报研究等相关的专业师生的参考书，也可供与上述研究相关的研究人员和企事业单位技术创新决策者阅读。

图书在版编目（CIP）数据

技术演化路径探测方法研究：专利引用网络主路径视角/张娴著. —北京：科学出版社，2020.6

ISBN 978-7-03-065060-3

Ⅰ. ①技… Ⅱ. ①张… Ⅲ. ①专利－网络信息资源－文献资源共享－研究 Ⅳ. ①G306.3 ②G253

中国版本图书馆 CIP 数据核字（2020）第 078511 号

责任编辑：韩卫军/责任校对：彭　映
责任印制：罗　科/封面设计：墨创文化

科 学 出 版 社 出版
北京东黄城根北街 16 号
邮政编码：100717
http://www.sciencep.com
四川煤田地质制图印刷厂 印刷
科学出版社发行　各地新华书店经销

*

2020 年 6 月第　一　版　开本：787×1092　1/16
2020 年 6 月第一次印刷　印张：10 1/4
字数：250 000

定价：**90.00 元**
（如有印装质量问题，我社负责调换）

国家社会科学基金资助项目（编号：18BTQ067）成果

前　言

日新月异的科技发展一直是科技管理与评价研究的重要课题。当前主流观点认为，技术的发展是持续和累积式的，可以用"技术演化"（technology evolution）概念来表征，技术演化模式具有可描述、可分析的特性。技术演化分析有助于探究技术发展起源、进程与未来趋势，对及时识别技术发展优先领域、优化配置科技资源具有重要意义。创新是引领发展的第一动力，全球竞争日益体现为科技创新的竞争，主要发达国家与重要国际组织对技术演化分析予以高度重视，相关理论与方法不断丰富和完善。

专利文献是世界上最大的技术信息源，几乎记载了各项技术自诞生之日起的一系列重要事件。专利引用信息反映了研发活动的技术和科学基础，由此形成的专利引用网络蕴含着丰富的技术演化线索。专利引用网络主路径分析方法是目前探测技术演化主干的一项有效研究手段，主要通过识别引用网络中具有最大连通度的系列专利文献来研究具体技术领域的技术发展演化过程，分析技术流动主路径，绘制技术演化轨迹。但是，经系统分析国内外相关研究进展发现，现有的专利引用网络主路径分析方法存在 3 个重要局限：①根据单一目标（路径连接性或者主题相似度）来搜索技术主路径，未充分反映技术演化驱动因素的多元性；②忽视了不同类型引用动机下的引用关系区别及其对路径选择的影响差异；③基于静态网络的特定拓扑结构开展研究，未考虑网络演化的动态性特征。

本书的研究目的是建立一套能够打破上述局限的新的专利引用网络主路径分析方法。借鉴工程和优化设计中的多目标优化思想，本书提出新的、基于多目标优化的专利引用网络主路径分析模型及其解决方案：通过分析专利引用路径的不同影响因素，确定两个典型的优化目标（路径连接性重要度、技术主题相似度），研究同时优化这两个目标的专利引用网络主路径分析方法；确定两个典型的目标函数及其各自相应的约束条件，以此反映技术生命周期、引用动机对技术演化主路径产生的影响；保障计算时间的合理、经济性，采用 Pareto最优近似解集形式，为决策者提供一组质量较高的专利引用网络最优主路径参考。

本书采用多目标进化算法对所构建的主路径优化模型进行求解，从而保障新方法的计算效率、可操作性、结果冗余性的最优效果。具体而言，本书采用基于超体积指标函数方法的多目标局部搜索算法，设计相应的路径搜索机制、问题解的适应值分配策略、解集的筛选与更新机制，实现多目标路径评价和排序、Pareto 最优近似解集的输出。

为验证新方法的应用效果，本书选择具有新兴技术代表性特征的石墨烯传感技术领域、具有成熟技术代表性特征的高温超导电缆技术领域开展实证研究。实验基于两个技术领域的真实的专利引用关系建立真实的专利引用网络，分别采用业内普遍认可的优先算法SPC（search path count，搜索路径统计数）主路径方法、本书构建的多目标优化主路径方法，获取两个技术领域的专利引用网络主路径；通过对比两种方法识别出的主路径结果，验证了多目标优化主路径分析方法具有更精确、更灵敏的技术演化分析效果和更有价值的决策参考意义。

全书共 9 章。第 1 章为导论，介绍本书的研究目标、研究内容、研究方法、创新点与结构安排。第 2～4 章为理论研究，梳理和介绍相关概念与理论，总结评述国内外相关研究进展以及现有研究的局限性，剖析影响专利引用网络形成与发展的客观与主观因素，辨析专利引用网络主路径识别的基本原则及其适用条件，为后续章节的研究奠定理论基础与依据。第 5～8 章是本书的主体部分：第 5 章是方法与模型研究，将多目标优化思想应用于专利引用网络主路径方法研究，构建一套基于多目标优化思想的专利引用网络主路径分析模型及解决方案；第 6～8 章是实证研究及结果讨论，面向两个代表性技术领域，分别建立真实的专利引用网络，对比分析不同主路径识别方法获取的主路径结果，验证本书所提出的新方法的应用效果与决策参考意义。第 9 章对全书进行总结，并展望今后的研究方向。

中国科学院成都文献情报中心方曙研究员对本书研究进行了全程指导，张志强研究员对本书的出版给予了极大关心与支持。

西南交通大学数学学院讲师曾荣强对本书 5.1 节、5.4 节的撰写以及 5.4.2 节的程序实现提供了重要帮助。中国科学院成都文献情报中心副研究员胡正银为 5.3.3 节的程序实现提供了编程支持。中国科学技术信息研究所陈亮博士、山西财经大学信息管理学院隗玲副教授为 6.3 节、7.3 节中的网络构建提供了参考资料与经验分享。笔者所在的中国科学院成都文献情报中心知识产权研究咨询中心的许海云、李姝影、朱月仙、许轶等同事对本书研究的顺利开展给予了大力支持。

四川大学高分子材料工程国家重点实验室副主任、四川省石墨烯产业技术创新联盟副理事长、中国石墨烯产业技术创新战略联盟专家委员会副主任夏和生教授，四川大学电气工程学院电气工程系副主任、全国高校高电压专业教授联席会议委员周凯教授，为实验案例结果分析提供了帮助。

中国科学院大学经济与管理学院硕士研究生王春华参与了 2.1 节的文献调研工作，茹丽洁、田鹏伟参与了 4.1.3 节的数据处理工作。

期盼本书能够为政府科技管理部门、企事业单位的科技管理与创新评价人员、知识产权信息分析人员、科技情报研究人员、高等院校师生、科技服务机构从业人员等提供有益参考。同时，由于时间与精力所限，疏漏难免，本书的研究结果及实验应用都还有提升和完善的空间，望广大读者批评指正。

目　　录

第1章 导 论

1.1 技术演化进程与专利引用路径

1.1.1 技术演化模式具有可分析、可描述性

技术是人类社会大系统中的一个相对独立的子系统，按照一定的规律发生和发展。当前主流观点认为技术的发展是连续的、累积式的。这种累积式发展观认为：技术的发展历程不可能断裂，它是一个连续的发展过程；技术的发展会呈现出明显的阶段性；技术可能在某一个历史时期取得突破性的进展。技术的这种发展过程是一个由简单到复杂、由单一性到多样性的过程，是在原有技术之上的进一步发展。例如，美国学者 William F. Ogburn 认为，技术发明就是把现存已知的文化要素组成一种新要素的过程，因此每项技术变革（无论其大小）都与过去的物质文明有着不可分割的联系[1]。

技术的累积式发展可以用"技术演化"的概念来表征。针对技术演化模式的研究，学者们形成了几种主要观点：技术范式与技术轨道模式、技术创新扩散进化模式、技术进化的内推外拉模式、技术框架与技术包容的进化模式、技术进化发展的阶段论模式及技术域与技术理解进化模式等[2]。对于技术演化模式，通常存在两种观点：①自组织理论模式，认为技术系统具有自创生、自生长、自适应、自复制等自组织特性，技术系统自组织是一种在没有特定外部条件干预下由技术系统内部组分相互作用而自行从无序到有序、低序到高序、一种有序到另一种有序的演化过程[3]，技术创新过程也是一个自组织的进化过程[4, 5]；②修正的生物进化论模式，认为生物种群之间互利共生的关系在技术体系中非常普遍，相互关联的各种创新可以被描述为一个关于人工制品的协同进化的完整生态系统，因而技术进化也可发展成为一个颇具解释力的模型[6]。上述两种观点在可理解性、操作性上都各具一定优越性，都体现出对技术演化模式的可分析、可描述性的认同。

开展特定技术领域的技术演化分析有助于梳理技术发展脉络和内部技术活动的发展历史，反映技术活动现状，为技术人员探究、回溯技术起源和发展提供可靠的帮助，对识别科技优先领域、合理配置科技资源具有重要意义。随着科技迅猛发展，技术进步、技术创新成为经济发展的原动力，世界上主要国家、地区、组织、机构对技术演化分析予以高度重视，多学科领域的研究人员从不同的视角对技术演化展开研究，推动其不断深入发展。20 世纪七八十年代，随着计算机技术的迅速发展，技术演化研究进入快速发展阶段，技术演化研究的理论与方法也在不断地丰富与完善[7]。

1.1.2 专利引用网络主路径方法是技术演化研究的有效手段

专利作为世界上最大的技术信息源，包含了世界科学技术信息总量的 90%～95%，是

知识与技术的重要载体,专利信息已成为社会和企业技术创新和新产品开发过程中必须借鉴的重要信息来源,在经济和科技研究中的地位和作用日益突出[8]。专利文献作为创新活动的完整记录,可以被视为技术创新、产品创新、工艺创新的核心内容和基础,记载了一项技术自诞生之日起的一系列主要事件,能够反映一项技术自诞生之日起不同时期的开发活动状况,因此专利信息能很好地反映技术演化的线索[9]。

专利引文是当某项专利文献公布时,在专利文件中列出的与该专利申请相关的其他文献,包括专利文献和科技期刊、论文、著作、会议文件等非专利文献。专利引用关系反映了某件专利研发的技术基础和科学基础,体现出技术间的累积、继承关系。相对于经济、市场数据,专利引文信息具有基础数据易于获取、便于定性定量描述等特点,在技术演化分析中日益得到重视。依照引用关系生成的专利引用网络,可以分析得到专利技术发展历程,研究技术发展的历史脉络,为开展技术评价、选择及预测活动提供重要参考[10]。

依据技术进化的思想,每一件专利个体可被看成隐含着知识的零散片段,呈现这些知识片段继承关系的专利引用网络的"关键路径"则可被视为技术演进的主干。因此,专利引用网络"关键路径"分析已成为探测技术演化主路径的有效手段之一。这类方法的主要目标是通过识别出引用网络中具有最大连通度的系列文献来概述研究领域的发展态势以及领域演化过程,提出度量引用权重的指标,根据测算出的引用权重来识别专利引用网络中的知识流动主路径以绘制技术演化轨迹[7],核心思想是从网络连通性来探讨网络的核心结构。已有研究证明主路径法相对于此前常用的高被引论文方法,具有一定的独特性与互补性[11]。

1.2 问题的提出

技术演化是一个复杂的系统,具有高度的有机性、系统性。技术演化是技术领域内部动力、环境发展推力、需求拉力等多种合力共同作用的结果,不仅存在技术领域自身的递进发展,还有技术领域间的协同作用。这种合力促进技术呈"螺旋式"上升,在演化过程中呈现出技术结构性、路径选择性、发展周期性。因此,作为探测技术演化的重要手段之一,专利引用网络主路径方法,应该不仅仅局限于以专利引用关系来判断技术继承与整合,还应该关注更多显性和隐性的影响要素及其间的相互作用、各要素对技术演化进程的不同影响、不同技术群落的动态演化关系,研究如何实现演化?为什么以这种方式演化?甄别变革式演化或者递进式演化等技术演化机制与动力学特征问题,总结其间的普适性规律和一些特殊现象及其原因。

1.2.1 引用网络主路径方法研究[12]

1.2.1.1 关于主路径搜索算法的设计

主路径搜索算法包括[13-15]:节点对投影统计数(node pair projection count,NPPC)、搜索路径连接统计数(search path link count,SPLC)、搜索路径节点对(search path node pair，SPNP）、搜索路径统计数（search path count，SPC）、前向引用节点对（forward citation node pair，FCNP）等算法。

1.2.1.2　主路径算法的应用研究

将上述搜索算法陆续应用于不同技术领域演化网络主路径分析，考察技术演化路径的连续性、稳定性、分化点，验证算法合理性，对比优劣。其中，SPC、SPLC、SPNP 较为常用，用于识别演化主路径、筛选路径上高价值专利节点（中间专利、终点专利、汇聚专利）、考察技术演化的选择性和持续性，成为普遍认可的经典算法[16-22]。

1.2.1.3　算法优化与扩展研究

学者们从不同的具体需求出发，对算法进行优化，如对引用路径遍历数进行不同因子的加权调节，以增强主路径识别效果[23]；设计专利被引强度指标 V，以兼顾直接引用与间接引用[24]；设计知识适应指数，研究主路径中专利技术节点的知识适应能力、消亡与突变等优胜劣汰现象[25]；提出了 4 种主路径识别方法的变体，研究综合应用的效果[26]；采用其他参考变量，如主题相似度，取代原算法的连边遍历数，以考察引文关系的重要性等[27, 28]。

总体看来，学者们已经在相关领域做出了大量工作，形成了较为经典的专利引用网络主路径方法，为技术演化路径分析奠定了良好的基础。

1.2.2　现有研究局限性

1.2.2.1　依据单一目标识别主路径，未充分反映技术演化驱动因素的多元性与系统性

现有研究都是以单一目标（如引用网络的连通性或技术主题相似性）作为主路径识别的基本原则，忽略了多种影响要素同时对技术演化进程的综合影响效应。事实上，技术演化进程是受到技术领域内部动力、环境发展推力、需求拉力等系统合力共同作用所表现出的综合结果，各方因素都在影响着演化的技术结构性、路径选择性、发展周期性。因此，专利引用网络主路径的选择更类似于一个在众多影响因素作用下的群组决策过程，可视为一个多目标优化问题。

1.2.2.2　平等对待专利引用关系，忽略引用动机差异的主观影响

现有主路径方法未区分专利引用关系的不同类型，将所有专利引用关系都视为同等程度的技术关联关系，未能克服不同引用动机对技术主路径提取结果的主观性影响。实质上，专利文献除了是技术文献，更是法律文献，专利法规定专利引文是审查专利权利要求

范围的参照物，每一条专利引文都对应着拒绝或限定一项权利要求的决定。因此，专利引用行为主体、引用动机都比科研论文的引用行为主体与引用动机更加复杂。在现实社会中，由审查员引用、由申请人引用所形成的专利引用关系，各自所代表的技术关联程度的真实性、客观性是有差异的。

1.2.2.3 基于静态网络的特定拓扑结构，忽略了技术演化进程的动态性特征

当前，主路径方法研究基本都关注静态网络，基于特定拓扑结构展开，忽略了技术生长的动态特点对主路径产生的影响。一项专利技术自问世之后，就不可避免地步入其固有的技术生命周期，伴随时间发展，技术逐渐成熟直至老化，当它处于技术生命周期不同阶段时，对于引用它的在后施引专利技术来说，其价值和影响力也是不同的。

总之，专利引用网络主路径方法是技术演化研究的有效手段，可有效识别专利引用网络中技术流动主路径，绘制技术演化轨迹。但现有的主路径方法仅根据单一目标（路径连通性或主题相似性）作为路径识别基本原则，不考虑引用动机、技术生长规律等因素对技术演化进程的影响，从而缺乏必要的系统性、客观性、动态性。因此，本书拟开展专利引用网络主路径分析方法的优化研究，提出一种新的基于多目标优化的主路径分析方法，以期能够弥补现有研究的上述局限。

1.3 内容及结构安排

1.3.1 研究目标

本书将工程和优化设计中的多目标优化思想应用于专利引用网络主路径方法研究，提出一套基于多目标优化思想的专利引用网络主路径分析模型及方法。

本书基于真实的专利引用网络，研究同时优化两个目标的专利引用网络主路径分析方法。本书将建立基于多目标进化算法的专利引用网络主路径优化模型与解决方案，旨在从具有不可公度性（指各目标的量纲不统一，是多目标定量综合的一大障碍）甚至可能冲突的两个不同目标出发，反映技术生命周期、引用动机等因素对引用网络主路径的影响，同时还要考虑在合理经济的计算时间内找出一个质量较高的 Pareto 最优近似解集（Pareto approximation set），为决策者提供专利引用网络主路径的优化参考方案。

1.3.2 研究内容

按照研究内容及其性质，本书的研究工作分为三个部分：专利引用网络主路径分析方法理论研究、多目标优化的专利引用网络主路径分析模型与方法研究、应用于真实专利引用网络的实证研究。

1.3.2.1　专利引用网络主路径分析方法理论研究

这是本书开展模型方法研究和实证研究的理论基础。首先，本书梳理当前引用网络主路径分析方法相关研究进展，归纳主要研究内容及其特点，分析总结现有研究存在的局限性，以及克服这些局限性可能突破的研究方向。其次，本书系统分析专利引用网络形成与发展的主观影响因素和客观影响因素，根据不同决策需求提出主路径识别的几个主要原则，为接下来开展的主路径优化目标研究、约束条件研究奠定理论依据。

1.3.2.2　多目标优化的专利引用网络主路径分析模型与方法研究

这是本书研究工作的核心部分。首先，本书简要介绍多目标优化问题的基本概念、相关定义以及常用的求解方法。然后，本书将多目标优化思想应用于专利引用网络主路径分析方法研究，研究同时优化两个目标的专利引用网络主路径分析问题，确定两个优化目标函数：路径连接性重要度总和最大、路径技术主题相似度总和最高；研究了两个优化目标函数的约束条件：专利技术生命周期模型约束、专利引用动机类型约束；在此基础上建立专利引用网络主路径多目标优化问题的数学模型。接下来，本书采用基于超体积指标函数方法的多目标局部搜索算法，实现对模型的求解，在合理、经济的时间内得到一个质量较高的 Pareto 最优近似解集。

1.3.2.3　应用于真实专利引用网络的实证研究

本书选择具有新兴技术领域代表性特征的石墨烯传感技术领域、具有成熟技术代表性特征的高温超导电缆技术领域，开展实证研究。基于这两个技术领域的专利引用活动，本书建立了真实的专利引用网络，分别采用现有研究普遍认可的优先算法 SPC 主路径方法、本书构建的多目标优化主路径方法，获取两个领域的专利引用网络主路径。在领域知识专家的协助下，比较分析两种方法得到的主路径结果，验证专利引用网络主路径多目标优化方法的应用效果，总结其决策参考应用意义。

本书的研究内容总体框架如图 1-1 所示。

1.3.3　结构安排

全书共 9 章，包括研究背景、理论研究、方法与模型研究、实证研究及结果讨论和研究总结五个部分。其中第 1 章为研究背景，第 2～4 章为理论研究，第 5 章为方法与模型研究，第 6～8 章为实证研究及结果讨论，第 9 章为研究总结。各章具体内容如下。

第 1 章：介绍本书的研究背景、研究目标、研究内容、研究思路、研究方法、主要相关概念、组织结构与创新点。

提出问题

↓

确立研究目标

理论基础
- 引文网络主路径方法研究进展
- 专利引用网络的影响因素，主路径确定原则

解决多目标优化问题的方法与思路研究

比较优劣

多目标优化问题传统求解方法　多目标进化算法

模型构建
- 优化目标　约束条件　目标函数
- 多目标优化的专利引用网络主路径分析模型构建

构建求解算法

基于超体积指标函数方法的多目标局部搜索算法

模型求解
- 求解对象 ← 求解
- Pareto最优近似解集

实证研究
- 真实网络实验研究

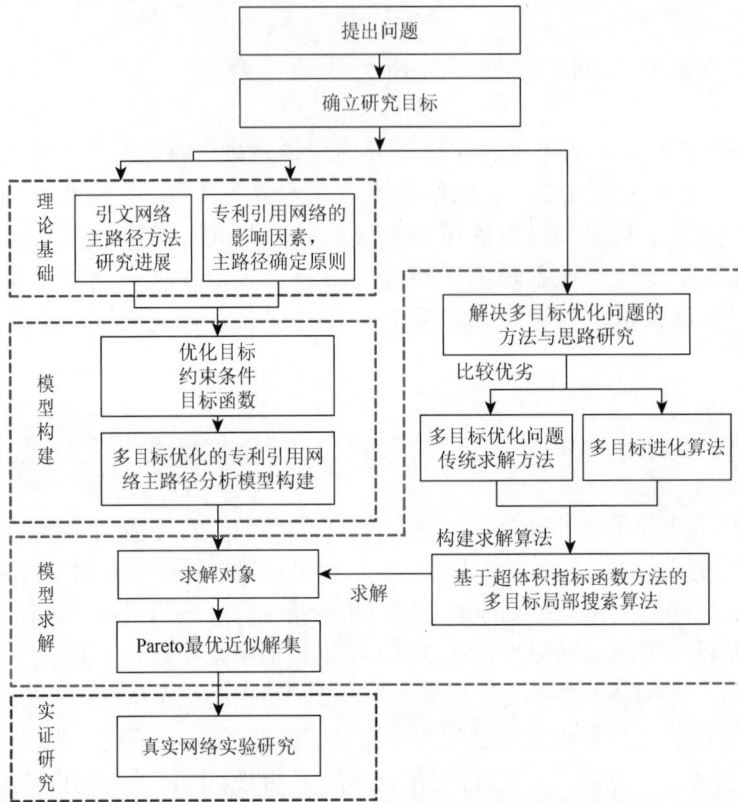

图 1-1　本书研究内容总体框架

第2章和第3章：属于文献综述范围，对专利引用网络与主路径等相关概念、专利引用网络视角的技术演化研究与主路径分析的相关理论及研究方法等进行调研总结，梳理上述相关概念与理论介绍，总结当前相关研究的进展与特点，剖析现有研究的局限性，对可能的研究突破方向提出相应的思考，为本书后续章节的研究奠定理论基础。

第4章：系统梳理总结影响专利引用网络形成与发展的客观因素、主观因素，分析专利引用网络主路径识别的几个主要原则方向，分析各自的优劣与适用条件，为本书第5章中多目标优化专利引用网络主路径搜索模型的构建提供理论依据。

第5~8章：本书的主体部分，将多目标优化思想应用于专利引用网络主路径方法研究，构建一套基于多目标优化思想的专利引用网络主路径分析模型及方法；应用于两个具有代表性的技术领域，开展实证研究，建立真实的专利引用网络，获取两个领域的专利引用网络主路径，验证本书提出方法的应用效果与决策参考意义。其中，第5章研究多目标优化的专利引用网络主路径分析方法，介绍多目标优化问题的基本概念和相关定义，简要梳理常用的多目标优化问题求解方法。研究同时优化两个搜索目标的专利引用网络主路径问题，确定两个主路径优化目标：路径连接性重要度总和最大、路径技术主题相似度总和最高；分别研究两个优化目标函数的约束条件：技术生命周期模型约束、引用动机类型约束；建立专利引用网络主路径多目标优化问题的数学模型。采用基于超体积指标函数方法的多目标局部搜索算法，进行专利引用网络主路径分析多目标优化模型的求解，实现基于超体积指标函数方法

的多目标主路径评价和排序、多目标主路径搜索，实现在合理经济时间内找出一个质量较高的 Pareto 最优近似解集。第 6～8 章是应用第 5 章构建方法开展的实证研究及分析讨论，分别面向具有新兴技术代表性特征的石墨烯传感技术领域、具有成熟技术代表性特征的高温超导电缆技术领域，开展实证研究。根据领域内真实的专利引用活动，建立真实的专利引用网络，分别采用普遍认可的优先算法 SPC 主路径方法、本书构建的多目标优化主路径方法，计算获取两种方法的专利引用网络主路径结果。对比分析两种主路径方法的结果，讨论多目标优化的专利引用网络主路径分析方法的特点及其在决策参考中的应用意义。

第 9 章：对全书进行总结、归纳，分析不足之处，对今后的研究方向做出展望。

1.4　主 要 创 新

本书的创新点主要体现在三个方面。

1.4.1　建立了多目标优化的专利引用网络主路径分析模型及解决方案

本书借鉴工程和优化设计中的多目标优化思想，应用于专利引用网络主路径分析方法研究，从技术创新活动的持续性、选择性、周期性、主体能动性特点出发，提出了同时最大化路径连接性重要度、路径技术主题相似度两个目标的主路径优化问题，构建了相应的多目标优化数学模型，提出了基于多目标进化算法的模型解决方案。与当前现有研究普遍采用的基于单目标（路径连接性重要度或节点主题相似度）评价的主路径方法相比，本书提出的多目标优化主路径方法将不可公度甚至可能相互冲突的两个主路径搜索目标进行协调和折中处理，得到在一定条件下实现了整体性能最优化的专利引用网络主路径。与单目标评价的主路径方法相比，本书提出的多目标优化主路径方法更好地反映了技术演化系统的多元驱动性、结构复杂性、自组织生长性等特点。

1.4.2　实现了面向动态性的含时、含权的专利引用网络的主路径分析

本书采用基于超体积指标函数方法的多目标局部搜索算法实现了对专利引用网络主路径分析多目标优化模型的求解。通过引入技术生命周期模型约束条件、引用动机类型约束条件，分别反映了不同专利技术成熟度、不同主观引用动机对专利引用网络的影响，使研究对象由静态的网络特定拓扑结构转换成含时、含权的动态演化结构，从而实现了一个清晰而成熟的含时网络的主路径搜索框架，所提出的主路径分析方法更有效地反映了技术路径演化的动态性特征。基于超体积指标函数方法的多目标局部搜索算法具有稳定、高效的特点，且迭代性能好、收敛速度快、时间复杂度低。

1.4.3　实现了基于 Pareto 最优近似解集的"多"主路径分析解决方案

本书提出的 Pareto 最优近似解集的主路径结果集，与当前现有研究中基于单目标评价值

全序排列后输出的若干主路径结果具有本质区别，是对现有研究中"多主路径"理论与方法的重大拓展：①本书实现了在合理、经济的计算时间内找出一个质量较高的 Pareto 最优近似主路径解集，有效地兼顾了主路径方法的效率与效益；②在该 Pareto 最优近似主路径解集中，既有满足多目标整体性能最优化的主路径，也有在不同目标互不占优情形下的单目标非劣主路径，是充分满足了多目标优化评价的"多"种类型主路径，与现有研究中基于单目标评价值全序排列后得出的若干主路径相比，其参考意义更丰富；③Pareto 最优近似主路径解集可以方便决策者在实际应用中设定不同的决策偏好，选择满足不同决策场景需求的最优路径解。

1.5　研究思路与方法

1.5.1　研究思路

本书的研究思路可归纳为四个步骤：提出问题、分析问题、解决问题和总结问题（图 1-2）。

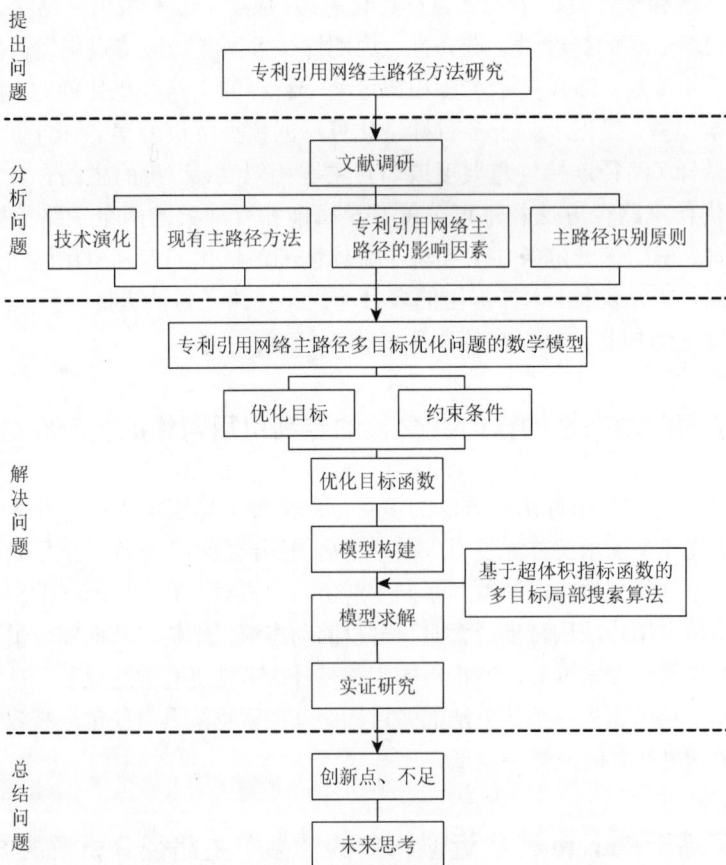

图 1-2　本书研究思路

1.5.1.1　提出问题

根据研究中的积累和思考、实践工作中的需要，本书提出拟解决的问题：如何建立一种新的基于多目标优化的专利引用网络主路径分析方法，依据该方法得到的主路径能够有效反映多个不同的、可能相互冲突的技术演化影响因素对主路径发展的作用，并且能够有效考虑技术生长、不同引用动机等条件对主路径发展造成的影响。

1.5.1.2　分析问题

此步骤包含两项主要工作：①通过大量文献调研，了解国内外相关研究进展，分析总结当前现有主路径研究思路和方法，对比优劣；②通过大量文献调研，了解技术演化、专利引用网络路径形成和发展的本质机理，分析专利引用网络发展的主观与客观影响因素，识别专利引用网络主路径时需要考虑的主要原则，为问题的解决奠定基础。

1.5.1.3　解决问题

借鉴工程和优化设计中的多目标优化问题，研究同时最大化两个目标的专利引用网络主路径问题，建立基于多目标优化算法的专利引用网络主路径优化模型与解决方案，从不可公度甚至可能冲突的两个不同目标出发，并且考虑技术生长、引用动机因素对网络演化产生的影响，在合理的时间内找出一个质量较高的 Pareto 最优近似解集，从而得到一组专利引用网络主路径的最优解集。

具体过程如下所述。

1. 构建模型

（1）选取优化目标。选取路径连接性重要度、路径技术主题相似度两个主路径优化原则，设定路径连接性重要度总和最大、路径技术主题相似度总和最高作为专利引用网络主路径问题的两个优化目标。

（2）建立约束条件。提出两个明确的约束条件：专利技术成熟度条件，对路径连接性重要度目标产生约束；引用动机类型条件，对路径技术主题相似度目标产生约束。研究上述两个约束条件分别对两个优化目标产生的影响。

（3）构建数学模型。基于上述路径搜索目标、约束条件，设计两个搜索目标的优化函数，构建专利引用网络主路径多目标优化问题的数学模型。

2. 求解模型

采用多目标进化算法对上述专利引用网络主路径多目标优化问题模型进行求解，实现基于超体积指标函数方法的多目标路径评价和排序算法、多目标局部搜索算法，在合理的时间内输出一个质量较高的 Pareto 最优近似解集,从而得到一组多目标优化主路径,实现模型的求解。

3. 实证研究

选取两个具有代表性的技术领域开展实证研究,基于真实的专利引用网络研究主路径对实证研究结果进行分析讨论,验证本书构建的多目标优化主路径方法及模型的有效性、合理性。

1.5.1.4　总结问题

对上述研究进行总结,分析不足之处,并提出研究展望。

1.5.2　研究方法与工具

1.5.2.1　研究方法

本书主要采用的研究方法有七种。

1. 比较研究

对国内外现有主路径分析方法进行比较分析,归纳现有方法的优劣及适用性。

2. 数学建模

在深入考察分析技术借助专利引用关系进行演化的规则机理的基础上提出简化假设,用数学符号和语言进行刻画和表达,建立数学模型,然后对模型进行计算,根据得到的结果来解释专利引用网络表征的技术演化现象和特点,并对模型的准确性、合理性与适应性进行实际检验。

3. 复杂网络分析

将真实的专利引用活动抽象化,形成具有代表性的小型复杂网络,利用网络分析中的各种参数指标来衡量专利引用网络的属性特征、拓扑结构、演化趋势。

4. 专利挖掘

利用信息抽取工具从专利文献中抽取国际专利分类(International Patent Classification,IPC)小组代码作为专利文档技术主题的基础语义单元,对较小数据量的 IPC 小组代码降维,生成 IPC 小类代码主题特征项,建立专利文献与 IPC 主题特征项的关联映射,求取专利文献间基于 IPC 主题特征项的技术相似度。

5. 专利计量分析

对专利文献的外部特征(专利文献的各种著录项目)按照一定的指标进行统计,并对有关的数据进行解释和分析。

6. 实证研究

分别以石墨烯传感技术领域、高温超导电缆技术领域的真实的专利引用网络为研究对象，开展实证研究，识别出技术领域内的主路径，验证专利引用网络主路径分析多目标优化模型的应用效果，并对结果进行探讨分析。

7. 专家评估

领域知识专家对专利引用网络主路径结果进行判别与解读，分析总结主路径的进程特点。

1.5.2.2　研究工具

本书使用的研究工具为 DI、DDA、Pajek、SPSS、MATLAB 和 Microsoft Excel（后文简称 Excel）。

1. DI（Derwent Innovation）

DI（原 Thomson Innovation）是全球领先的知识产权检索、分析和管理平台。DI 整合了全球 90 多个国家或地区专利授予机构的专利数据，对其中 50 多家专利授予机构的专利数据进行了人工编辑和改写。DI 包含德温特世界专利索引（Derwent World Patent Index，DWPI）和德温特专利引文索引（Derwent Patents Citation Index，DPCI）的数据，数据内容及检索功能相当丰富。本书利用 DI 检索获取实证研究的数据对象集，提取各专利记录中引用参考文献的来源信息，提取专利引用来源代码。

2. DDA（Derwent Data Analyzer）

DDA（原 Thomson Data Analyzer）是美国汤森路透公司开发的一款具有强大分析功能的文本挖掘软件，可以对文本数据进行多角度的数据挖掘和可视化的全景分析。本书利用 DDA 获取石墨烯传感技术领域、高温超导电缆技术领域的专利引用关系矩阵，自动抽取专利文献的申请年、专利权人、专利引用详细信息、IPC 分类号等特征项，并进行数据清洗。

3. Pajek

Pajek 是 Mrvar 等于 1996 年开发的一款可处理大型网络数据、具备网络分析和可视化功能的软件。该软件可将一个大型网络分解为多个可单独显示的子网络，有利于精确的网络子团分析。本书利用 Pajek 进行专利引用网络部分结构参数的测度、抽取引用网络的最大连通子图、计算网络连边的 SPC 值、提取网络的 SPC 主路径。

4. SPSS

SPSS 是统计产品与服务解决方案（statistical product and service solutions）的简称，是 IBM 公司推出的一系列用于统计学分析运算、数据挖掘、预测分析和决策支持任务的软件产品及相关服务的总称。本书利用 SPSS 软件建立专利引用趋势的 Logistic 模型拟合。

5. MATLAB

MATLAB 是由美国 MathWorks 公司推出的一款高性能的数学软件，是一种用于数值计算、可视化及编程的高级语言，可以分析数据、开发算法、创建模型和应用程序，被公认为是概念设计、算法开发、建模仿真、实时实现的理想的集成环境。本书以 MATLAB 为程序开发平台，编写多目标进化算法程序。

6. Excel

Excel 是微软公司的办公软件 Microsoft Office 的组件之一，具有数据记录与整理、数据计算、数据分析、图表制作、信息传递和共享等功能。本书利用 Excel 进行实证数据的记录、整理、统计及图表制作等。

1.6　本书涉及的主要相关概念

1.6.1　专利引用网络（patent citation network）

专利引用网络是由专利文献间引用和被引用关系构成的集合，引用体现了被引专利向施引专利进行技术扩散、实施技术传承的过程。根据不同的构建角度，专利引用网络包括基于直接引用关系的专利引用网络，或是以共被引关系和引文耦合关系作为专利的技术主题相似度构建的专利网络等。本书的研究对象是基于直接引用关系的专利引用网络，这是一个有向无环网络，节点代表专利文献，弧代表引用关系，从被引专利指向施引专利，代表技术的流动方向。

1.6.2　主路径（main path）

主路径思想于 1989 年由 Hummon 与 Doreian 最早提出：对于引文网络中的节点，选择其输出连边中具有最高遍历数的连边作为下一路径，重复应用遍历计数最大法则，直至定义出全网络中最常用的路径，即反映文献知识主流的主路径[13]。2005 年，De Nooy 等在其著作《应用 Pajek 探索社会网络分析》[29]中明确提出了主路径概念，即主路径是在无环网络中从源点到汇点的一条通路，该通路的弧具有最高遍历权重。所谓弧或顶点的遍历权重，是指在无环网络中包含该弧或顶点的源点与汇点间的路径数目与所有从源点到汇点路径数目的比值。计算引文的遍历权重，识别出其中具有最高遍历权重的路径或组分，则该路径称为主路径，相应的组成元素称为主路径组分。这种分析方法被称为主路径分析（main path analysis，MPA）方法。

1.6.3　多目标优化问题（multi-objective optimization problem，MOP）

生活中，许多问题都是由相互冲突和影响的多个目标组成。多目标优化是将两个或者更多的可能相互冲突的目标在一定的约束条件下同时达到最优的过程。欲使多个目标在给定区域同时尽可能最佳的优化问题，就是多目标优化问题。对于多目标优化问题，一个解可能对某个目标来说是较好的，而对于其他目标是较差的，因此只能对这些目标进行协调和折中处理，这样的一个折中解的集合称为 Pareto 最优解集或非劣集。

1.6.4　Pareto 占优（Pareto dominance）

如果一个解 x，它的所有目标函数值都不劣于另一个解 y，且至少在一个目标函数值上优于 y，我们就称 x Pareto 占优 y，记为 $x>y$。

1.6.5　Pareto 最优解（Pareto optimality）

在一个解集里，如果一个解不被解集里其他任何解 Pareto 占优，这个解就称为 Pareto 最优解，又可称为非劣解。如果一个解集里面的所有解都是 Pareto 最优解，那么这个解集就称为 Pareto 最优解集（Pareto optimal set）。

第2章　专利引用关系视角的技术演化研究进展

现阶段，从专利引用关系角度入手开展的技术演化研究中，研究的行为主体对象涉及国家、地区、机构等不同层面，研究的技术客体对象有技术领域、技术主题、单项专利技术。现有研究主要涉及以下方面[30]。

2.1　专利引用关系视角的技术演化研究内容

2.1.1　技术主题演化趋势分析

专利文献引用关系不仅体现了某一技术领域内的技术继承、分化，也体现出不同技术领域之间的技术交叉、渗透、融合。国内外已有一些学者针对不同技术领域开展了技术演化范式及演化瓶颈识别研究[31-33]，通过专利文献间的引用关系辨识先有发明技术（被引专利）与在后发明技术（施引专利）之间的技术流动，分析其间的技术继承关系，挖掘技术演化走势。

例如，采用知识遗传分解方法，以专利引用网络为载体，量化地评价技术演化进程中的早期专利技术对于后继专利技术的知识贡献度与知识传播能力，从稳定性、遗传性以及变异性等基本特征出发，研究技术演化进程中所遗传的知识基因的表现形式与提取方法[27, 34, 35]；借助组织生态学中的种群演化理论，研究专利技术种群进化过程与规律，探讨单一专利技术种群内部进化和两个子种群间协同进化的动力、方向和机理，以及多个专利技术种群之间的协同进化关系[36-38]。这类研究侧重通过对比技术主题的时序变化[39, 40]，探测领域间的技术融合程度与发展轨迹[41]，寻找潜在的技术机会[42]。

2.1.2　技术前沿变迁比较

跟踪监测技术研发前沿的变化也是技术演化分析的重要内容之一。参考 Small 等[43]、Garfield[44]、Persson[45]采用同被引文献簇、由同被引文献簇及其引用文献簇共同组成的文献群、同被引文献簇的引用文献簇来表征研究前沿的做法，学者们将技术前沿表征为同被引专利簇、引文耦合专利簇；而常常应用于研究前沿识别的论文同被引分析、耦合分析[46]，则被应用于专利分析，由高被引专利、引文耦合专利共同构成技术前沿，识别、比对不同时间片断中技术前沿簇的主题变化，通过连续性表示形成技术前沿演化轨道，研究不同时空的技术前沿结构发展[47, 48]。

这些研究也结合了共词分析、聚类分析等技术，深层次挖掘技术前沿特点。例如，通过探测演化过程中的突现词找出核心的技术前沿，对比前后时间片断的特点变化探寻技术前沿的发展规律[49, 50]；利用聚类算法研究专利引用网络的结构特点，如不同时间片断的社团间的"父-子"关系，探测新兴前沿的结构特征与变化[51]。

2.1.3　技术发展主路径识别

基于技术进化的思想，专利引用网络的"关键路径"被视为技术进步的主干，通过识别专利引用网络"关键路径"探测技术演化主路径是技术演化研究的关注重点之一。第 3 章将就此开展专门研究。

2.1.4　技术演化网络形态特征刻画和发展预测

相关研究可以根据其内容揭示层面归纳为四类：①统计刻画层面，主要是度量技术引用网络系统结构的性质与特征，以及研究对这些性质特征的最佳度量方法；②理解分析层面，通过建立技术演化网络模型，帮助理解上述统计性质的意义、产生机理、动力学特征；③预测层面，根据演化网络全域或局域的结构性质、重要节点的个体行为与影响，分析和预测演化网络的发展可能；④调控层面，提出改善已有技术演化网络性能和设计新的演化网络的有效方法，特别是在演化网络的连通性、稳定性、协同性等方面。

这类研究的特点是，从不同层面关注技术演化活动的形态、过程、效率，考察伴随演化过程所产生的技术扩散、技术溢出、技术传播的动力机制与行为特征以及未来走势。网络结构属性指标的特征值，如网络规模、密度、各种中心性指标、中心与边缘指标、集聚系数、块模型等，常常被用来刻画技术演化的阶段性特征与代际性特点，以及对技术演化路径形成的影响力度[52-54]；在这些网络属性指标的基础上，进一步衍生出更多的复合型指标，结合战略坐标分析等其他方法，研究技术演化网络中的重要子网构成及其演化、主干路径的汇聚与分化[55]、关键中介的角色类型[56, 57]，从而考察分析技术发展路径、行为主体活动的演化特征，划分战略群组，预测演化走势[58, 59]。

2.2　专利引用关系视角的技术演化研究方法

2.2.1　专利引文分析方法

由于数据规范且容易获取，专利引文分析已成为研究技术发展脉络、技术评价、技术选择及预测活动的重要手段。专利同被引分析、专利耦合分析、专利引文时序分析等都有所应用，也形成了一些获得普遍认可的经典分析指标，如技术生命周期（technology lifecycle）、科学关联度（science linkage）等[60, 61]。与聚类分析相结合，专利引文分析可以反映技术之间的流动性、相似性，根据专利之间的引用关系（共引、耦合等）可以将相似专利技术聚在一起，形成具有不同技术主题的聚簇，结合不同技术主题之间的关联分析绘制出技术演化进程，判断技术发展趋势[62, 63]。

2.2.2　文本挖掘方法

由于对文本信息具有整理、分析、挖掘能力，文本挖掘方法能够找出有助于区分数据重要程度的潜在变量，深入解释专利数据的内在模式，故已成为技术演化研究的重要手段。最常用的如词频分析法，通过提取专利文本域中的技术关键词，根据技术关键词出现频率来反映技术领域的研究状况。近年来，伴随技术演化分析的各类场景，主题特征项识别、词汇映射、聚类分析、关联分析、文本树技术、语义分析等，在技术演化与新兴技术预测方面得到越来越多的应用，取得了一些研究成果[64-69]。

2.2.3　技术生命周期经典模型

技术生命周期的概念衍生自产品生命周期，代表一种以周期变化为特征的技术变革模式[70]。Little[71]对技术生命周期给予了明确定义，技术生命周期被划分为四个阶段：萌芽期、成长期、成熟期、衰退期。Ernst[72]将 Little 的技术生命周期循环概念与 TRIZ 理论相结合形成了 S 曲线模型，并提出用量化的专利指标来代表技术性能的衡量指标。学者们开展了相关的应用研究，主要采用 Logistic 成长模型、Gompertz 曲线模型对 S 曲线进行拟合，预测未来的专利申请数量，判断技术生命周期阶段[73-76]，有观点认为单纯利用 S 曲线并不一定能满足技术生命周期预测需要，认为技术轨道理论更适合分析技术演化[16, 77]。

2.2.4　TRIZ 理论

TRIZ 理论是 G. Altshuller 及其同事在 1946～1985 年发展起来的一套基于逻辑和数据的问题解决方法，核心思想是技术矛盾和冲突的解决是技术系统的进化动力。基于 TRIZ 理论的"技术难题-解决方案"启发式方法现已成为技术范式演化分析的依据[78]，应用于技术进化轨迹的连续性和稳定性研究。计算机技术的应用提高了 TRIZ 理论的自动化程度和效率，使 TRIZ 理论具备了更强的问题解决能力。例如：采用 SAO（subject-action-object）三元结构分析法取代传统的物质场分析法；利用计算机协助识别目标技术系统中的技术冲突；利用自然语言处理技术抽取特征词，实现进化规则关联；利用语义相似计算来识别技术进化趋势和阶段等[79-83]。

2.2.5　网络分析方法

网络分析方法研究的成果为基于专利引用网络的技术演化分析带来了新的契机。各种网络结构分析指标与算法、可视化工具等，为研究技术演化网络的形态结构、性质特征、动力学要素、未来演化等提供了有效手段。网络研究方法与条件强调专利引用关联形成的网络整体与其中的节点、连边、社团的关系，而不是相互孤立或隔绝地看待它们的属性，因而在分析技术演化中各要素的协同性、依赖性方面更具有相对优势。网络建模与仿真方法对于新兴技术领域的创新动力学特征研究尤具优势[84-88]。

2.3 专利引用关系视角的技术演化研究现状评述

总体看来,现阶段从专利引用角度研究技术演化已经有较丰富的研究成果,形成了一些基本的分析方法,但也存在一些不足与局限[30]。

2.3.1 专利引用关系视角的技术演化研究内容评述

关于技术主题演化趋势研究:①大多采用对引用网络主题聚类、划分时间片断、对比不同阶段专利类群技术主题特点的方式,总体上侧重于对领域内过去技术主题的描述、对当前主题现状的判断等,而对未来主题发展预测的关注度不够;②这些技术主题演化研究多数还停留在对不同时间阶段的专利类群主题、类群中重要专利文献内容的统计性的历史描述,显得定性化描述有余、定量化测度不足;③这种统计性的历史描述法对于分析人员的知识参考点要求较高,如果分析人员(即便是领域知识专家)的知识参考点偏低,有可能导致判断性偏差。

关于技术前沿变迁比较研究,通过专利引文分析识别技术前沿的研究正处于不断深化当中。但是经由科学引文表征科学前沿与经由专利引文表征技术前沿,二者是否存在差异,两类前沿各自的演化机理是否相通,都还有待详细研究。在技术研发活动中,"前沿"是根据研究对象在领域中当前所处地位来确定的,因而"动态性"是根本特性。但当前大多数研究主要是基于时间线对不同时间截面"前沿"识别结果的跟踪,对技术前沿演变的形成机理和知识结构特征揭示不够,如对于某时间窗内某技术在下一时间窗中演化成什么技术及其原因、不同演化轨道的比较、更微观知识单元层面的探讨等,都有待深入。

关于技术演化网络形态特征刻画和发展预测,当前研究对网络拓扑结构性质等静态统计特征的刻画居多,对网络演化的动态特征分析的定量化程度与揭示深度不够,对网络演化前景探索及趋势预测较少,对未来方向的判断研究比较欠缺。关于技术演化网络建模与仿真研究,在理论层面上缺乏对基于专利引用的技术演化的形成过程、不同节点相互关系的深入理解,因而制约了对演化微观机制和动态特性的有效捕捉;在实证层面上,由于理论研究的上述不足影响有效构造符合引用演化特性的理论模型以及针对需求对系统内在动力学性质的实证分析,对于揭示技术演化形成机制、提高网络应用能力造成影响。

2.3.2 专利引用关系视角的技术演化研究方法评述

专利引文分析方法是重要的专利计量分析方法,对于专利质量、专利价值分析具有重要意义,但在专利技术演化分析中的应用空间相对有限。因为技术演化是一个复杂体系,技术演化分析必然涉及系统构成要素、相互作用、内外环境影响、演化动力学特征分析。单纯的专利引文分析，系统观不足，容易停留在引文数量的特征统计层面，对技术演化驱动机制、网络演化中各种关联关系、动力学成因等的系统分析能力不足，不能充分反映演化系统机理与动态历程。

　　文本挖掘方法已在当前专利技术演化分析中有所应用，如聚类分析、主题映射、关联算法、语义抽取、文本分类等，但还有较大的提升空间。例如，一项专利技术可能复分入多个不同技术领域，那么是否更适合应用模糊聚类法而不是通常的"硬"聚类？是否有更精确的语义结构与层次概念用以度量语义相似度？基于技术进化的特性，在社团主题演化、路径节点的选择分析中是否可考虑结合遗传算法特点？总之，有待结合专利技术演化分析的特点及需求，在具体应用时针对性地选用和改进。

　　技术生命周期法通常适用于判断技术目前所处的阶段，对于揭示技术流向、演化动因、影响要素及内在联系、过程路径及未来趋势的效果不佳，也不便于区分线性演化与非线性演化。技术生命周期法的分析效果有赖于数据规模，通常适用于大规模、中等规模样本量，对于细小技术分支领域、小规模数据量的分析效果不佳；也有赖于选用合适的指标来量化技术性能。虽然技术生命周期法不能作为主干分析方法，但是可以提供特有的参考视角，如在演化进程的时间片断对比分析中，为时间阶段划分提供定量性的参考依据。

　　TRIZ 理论的"P-S"启发式分析模式便于深入理解技术进化规则，因而在技术演化分析中具有独特意义。TRIZ 理论尤其适用于对具体专利技术方案的内容解构。有别于技术生命周期模型，TRIZ 理论在细小技术分支领域的演化分析效果更佳。局限之处在于，TRIZ 理论只考虑了技术难题、解决方案二维线性逻辑关系，而实质上技术演化动力系统不仅体现了技术横向、纵向的发展过程和规律的统一，还体现了外部扩展、内部自我积累的合力作用，阶段性、集群性、协同性等特点纷呈。此外，TRIZ 理论的应用也需要与本体技术、语义分析等更多文本挖掘技术相结合，方能更好地发挥作用。

　　网络分析方法在大数据时代激励下得到迅猛发展，复杂网络分析方法与工具在科学引文系统研究中已经取得不少相关成果，如科学家影响力、论文内在质量、引文链路预测分析等，但在专利引文系统研究中的应用相对较少。总体上，当前大部分研究工作基本都关注静态网络分析，基于特定拓扑结构展开，如社团结构、偏好依附、富人俱乐部，对演化发展的实证以及预测研究相对薄弱。已有的网络演化研究大部分是针对实现特定网络结构的机制模型研究，网络演化行为的实证和理论研究并不完善。现有的链路预测方法主要集中在无向无权网络，关于网络随时间演化的动态特征对链路预测研究的重要性，缺乏一个清晰而成熟的含时预测框架来描述含时网络上的链路预测算法，对于有向、含时、加权的技术演化网络的研究较少。

2.4　专利引用视角的技术演化研究趋势探讨

　　针对现有研究存在的不足与局限，本书从研究思想、研究内容、研究方法、研究手段四个方面，就专利引用视角下技术演化相关研究的未来可能发展趋势提出如下探讨。

2.4.1　充分体现技术演化的系统性

技术演化是技术领域内部动力、环境发展推力、需求拉力等多种合力共同作用的结果,不仅存在技术领域自身的内部递进发展,还有技术领域之间的协同发展关系。这种合力促进技术呈"螺旋式"上升,在演化过程中呈现技术结构性、路径选择性、发展周期性特点。因此,专利引用技术演化分析不应仅仅局限于单纯以专利引用关系来判断技术继承与整合,而应该视为一个多目标决策问题,应关注更多显性和隐性的影响要素及其相互关系、各要素对技术演化进程的不同影响、不同技术群落的动态演化关系,研究如何实现演化,为什么以这种方式演化,分辨变革式演化或者递进式演化等技术演化机制与动力学特征问题,总结其间的普适性规律和一些特殊现象及其原因。

2.4.2　关注技术演化的动态性特点和未来性预测

技术主题、发展路径、热点前沿、关系网络的演化研究都应重视从局域、中观和宏观的不同尺度揭示演化规律,总结演化类型,并在此基础上重点探索未来演化前景、预测推演发展趋势。此外,专利引用研究视角能够提供论文引用研究视角所不具备的独特线索:专利文献内容多反映技术、产品,与产业和市场的关系更紧密,因而专利引用流中蕴含着发明创造技术的产业扩散或市场扩散信息——方法专利、产品专利、用途专利之间的关系,引用流中介点与市场选择可能等。因此,由专利引用来研究技术演化应该具有独特的探索与思考。例如,如何表征市场价值与风险的影响,如何反映这些因素对技术演化进程的反馈,如何细分这些复杂关系以判断一些高度不确定的发展环境,如何预测技术的发展趋势和进化潜能等。

2.4.3　探索综合多种研究方法优势的多元化方法体系

单纯采用一种方法不能全面深入地揭示技术演化历程中的动态变化。例如,技术生命周期理论有助于划分演化阶段;技术轨道理论比技术生命周期理论更适合分析演化路径;TRIZ 理论适用于在提取主路径后推导阶段性技术矛盾和发展动力;文本挖掘技术可与各方法结合来深度挖掘更多知识规律。近年来,复杂网络分析方法研究取得成果,为专利引用技术演化研究提供了方便,正成为越来越重要的方法,但应用中也需注意适用性,如怎样控制边界条件,避免专利引用网络碎片化程度过高导致引用路径过短;采用什么网络指标反映节点与路径的演化潜能、演化进程对系统的正负反馈;开发更多新指标以满足专利技术演化分析的特定需要等。

2.4.4　开发具有强大计算能力及可视化功能的软件与工具支撑

技术演化分析涉及大量数据计算以及可视化呈现,以主路径算法优化与拓展为例,涉及计算遍历权重的穷举搜索算法，计算量庞大并直接影响路径选择结果；而且，无论采用什么主路径算法，都应该与技术领域的特征相匹配、与技术领域对应的专利主题数据库相匹配，在此基础上进行算法的拓展计算结果和经典主路径算法计算结果的对比研究，或是不同算法计算结果的对比研究，然后确定优化方法，在此基础上方可再深入进行不同技术路径的技术差异研究，因此必须以具有强大计算能力的软件作为支撑。同时，分析中还涉及语义相似计算、自然语言处理等，以及探究网络连通性、鲁棒性、有效性的各种结构性能分析，涉及技术演化走势的模型仿真推演。因此，集成化的分析工具开发也将成为技术演化研究的重要部分。

2.5 本章小结

本章主要为文献综述。首先，本章从专利引用视角对技术演化研究相关理论成果进行了系统梳理，将主要研究内容归纳总结为 4 种类型：技术主题演化趋势分析、技术前沿变迁比较、技术发展主路径识别、技术演化网络形态特征刻画与发展预测。本章将涉及的主要研究方法归纳总结为 5 类：专利引文分析方法、文本挖掘方法、技术生命周期经典模型、TRIZ 理论、网络分析方法。针对各类研究内容、研究方法的当前进展情况，本章逐一进行了深入剖析，评述了各自的现状与优劣。最后，本章从研究思想、研究内容、研究方法、研究手段四个方面，探讨了专利引用视角下技术演化相关研究未来的发展趋势。

第3章 专利引用网络主路径方法研究进展

3.1 主路径方法研究进展

1989年，Hummon与Doreian发表了关于科技文献引用网络"关键路径"的应用研究，提出了主路径思想。他们采用深度优先搜索（depth first search）算法与穷举搜索算法（exhaustive search algorithm）结合的方法来寻找网络中所有可能的搜索路径，以遍历数（traversal counts）优先来定义引用网络的主路径——对于网络中的节点，选择其输出连边中具有最高遍历数的连边作为下一路径，重复应用遍历计数最大法则，直至定义出全网络中最常用的路径，即反映文献知识主流的主路径[13]。

Hummon与Doreian提出了3种主路径搜索的边权重指标：节点对投影统计数、搜索路径连接统计数、搜索路径节点对[13]。Batagelj于2003年进一步提出了各种连接性权重指标的有效计算方法，深化了主路径分析方法，使之得以运用于大型引用网络主路径分析；Batagelj还提出了新方法——搜索路径统计数（SPC）[14]。

自上述研究之后，主路径方法越来越受到关注，学者们在Hummon、Batagelj等研究的基础上，在论文引用、专利引用网络中开展了越来越多的研究。本书以科学引文索引（Web of Science）、中国知网（CNKI）为检索源，将专利引用、网络分析、技术路径3组概念的相关主题词进行组配检索，对检索结果进行判读，筛选出相关文献，对当前主要研究内容进行梳理、归纳与总结。

总体而言，国内外学者对于引用网络主路径方法的主要研究内容可大体划分为三类：①主路径搜索算法的设计，迄今已形成普遍认可的若干主流算法；②主路径算法的应用研究，通过在具体技术领域开展应用研究来对比验证算法的合理性与优劣；③对算法的优化与扩展研究，以满足不同的应用需求[12]。

3.1.1 主路径分析的主流算法

3.1.1.1 搜索路径统计数（SPC）

SPC算法是当前主路径搜索中认可度较高的、较常用的经典算法，被现有许多研究推荐为优先算法。SPC算法通过计算相邻两节点之间的连边被网络中所有的路径所遍历的次数，以衡量该连边在网络中的重要性。所含连边的SPC和达到全局最优的路径，即是基于SPC方法的全网主路径。

如图3-1所示，网络中存在源点A、B，汇点C、D、E与F。对于连边HJ来说，连接了AH、BH与JC、JD。因此在网络所有路径中，节点H、J之间的连边，共有4条路径遍历（路径A→C、A→D、B→C和B→D），则连边HJ的SPC值为4。

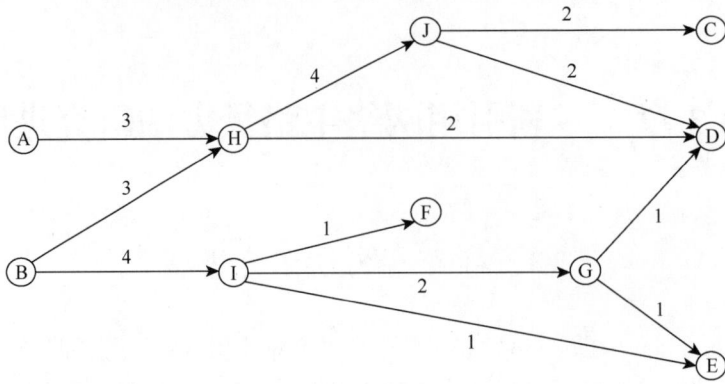

图 3-1　基于 SPC 算法的路径识别原理[56]

Batagelj 定义了 SPC 算法[14]：令 $N^-(v)$ 表示网络中自源点 s 至节点 v 的路径 $s{\to}v$，$N^+(v)$ 表示节点 v 至汇点 t 的路径 $v{\to}t$，则对于任意一条自 s 到 t 的经由连边 (u,v) 的路径 π 可如式（3-1）所示：

$$\pi = \sigma \circ (u,v) \circ \tau \qquad (3\text{-}1)$$

式中，σ 表示从 s 到 u 的所有路径 $N^-(u)$，τ 表示从 v 到 t 的所有路径 $N^+(v)$，则连边 (u,v) 的权重 $N(u,v)$ 的计算如式（3-2）所示：

$$N(u,v) = N^-(u) \times N^+(v) \qquad (3\text{-}2)$$

连边 (u,v) 的标准化 SPC 权重计算方式如式（3-3）所示：

$$\mathrm{SPC}(u,v) = \frac{N(u,v)}{N(s,t)} \Rightarrow 0 \leqslant \omega(u,v) \leqslant 1 \qquad (3\text{-}3)$$

3.1.1.2　搜索路径节点对（SPNP）

SPNP 算法也是基于起始节点发出的所有搜索路径，计算相邻两节点之间的连边在所在路径上连接的所有的节点对数目。由于路径"内部"的连边与路径起点或终点附近的连边相比，连接了更多的节点对，因此根据 SPNP 算法，位于搜索路径中部的连边将比路径两端的连边收获更高的遍历数。

SPNP 识别原理如图 3-2 所示[17]，在网络的所有路径中，节点 A、C 之间的连边 AC，使 A 与 C、D、E、F、G、H、I、J 等 8 点相连，因此连边 AC 的 SPNP 值为 8；节点 C、D 之间的连边 CD 连接了 A、B、C 三点指向 D，使 A、B、C 与 D、E、F、G、H、I、J 等 7 点相连，因而连边 CD 共连接了 21 对节点对，故连边 CD 的 SPNP 值为 21。

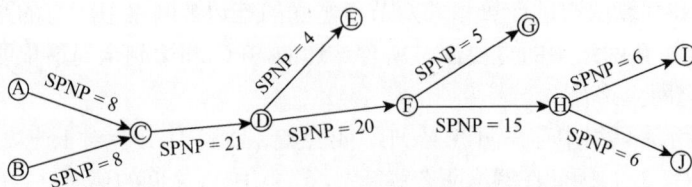

图 3-2　基于 SPNP 算法的路径识别原理[17]

许琦定义了专利引用网络中 SPNP 的计算方法[78]：通过有向连边 (u,v) 连接的上游节点和下游节点组成的节点对数目计算 (u,v) 的 SPNP 值，如式（3-4）所示：

$$\text{SPNP}(u,v) = L^-(u) \times L^+(v) \qquad (3\text{-}4)$$

式中，$L^-(u)$ 表示所有直接或间接被专利 u 引用的节点数，包括专利 u 本身；$L^+(v)$ 表示所有直接或间接引用专利 v 的节点数，包括专利 v 本身。

3.1.1.3 最优主路径演化网络（NETP）

NETP（network of the evolution of top path）算法由 Verspagen 于 2007 年提出，揭示网络最优路径在一定时间间隔之后发生的变化[18]。

NETP 算法的基本思路是：定义专利引用网络 C，采用 SPLC（或 SPNP）方法提取主路径网络 C'；析出在 t 年前（含 t 年当年）的专利引用网络 C_t，采用 SPLC（或 SPNP）方法确定 C_t 的主路径网络 C_t'。然后，以连边最大值确定 C_t' 中的单主路径（single main path）P_t，P_t 与按照 Hummon 与 Doreian 方法确定的 C_t 中的单主路径未必是一致的。最后，合并不同 t 时段的路径 P_t，即令 $t = T_0 + a + T_1$，其中 T_0 代表数据集中的最早专利年，T_1 代表数据集中的最晚专利年，a 为非负数。将结果标识为网络 P，代表原始网络 C 中的主路径的时间演化情况。

NETP 方法实质上是划分不同时间间隔来计算基于 SPNP 或 SPLC 的最优主路径（top path），即连边的 SPNP 总和最高的专利引用路径，从而通过对比时间段 (t, T)、$(t, T+1)$ 中处于最优路径上的专利变化情况，分析技术随着时间进展的延续、衰落或消亡，考察这些最优路径上的专利发明所蕴含的知识随时间演化的利用与发展情况[89, 90]。

3.1.1.4 前向引用节点对（FCNP）

前向引用节点对（FCNP）算法由 Choi 与 Park 于 2009 年提出，是由前向引用节点对数确定连边的权值来识别主路径[15]。Choi 与 Park 通过计算相邻两节点之间的连边所连接的前向引用的节点对数得出该连边的权值[15]。

FCNP 算法的基本原理是：对于连边所连接的相邻两个节点，分别统计各自所连接的前向引用的节点数（含该节点自身，以免路径终端节点的前向引用节点数统计为 0），再将二者的前向引用节点数相乘即可得，如图 3-3 所示。

在图 3-3 所示的专利引用网络中，专利 j 引用了专利 i。n_i、n_j 分别表示专利 i、j 各自的前向引用数。FCNP(A_{ij})表示连边 $i \rightarrow j$ 的权值。

FCNP 算法设计的基础思想是考虑在专利引用网络中，前向引用与后向引用具有不同的代表意义：后向引用（施引关系）用于考察专利与技术之间的知识流动或溢出关系；前向引用（被引关系）则是从技术或经济价值的角度来衡量发明创造的质量[91, 92]。Choi 和 Park 的 FCNP 算法考虑的是节点的流出路径，即节点的被引关系，旨在通过由此选择出的主路径反映专利的技术与经济价值。

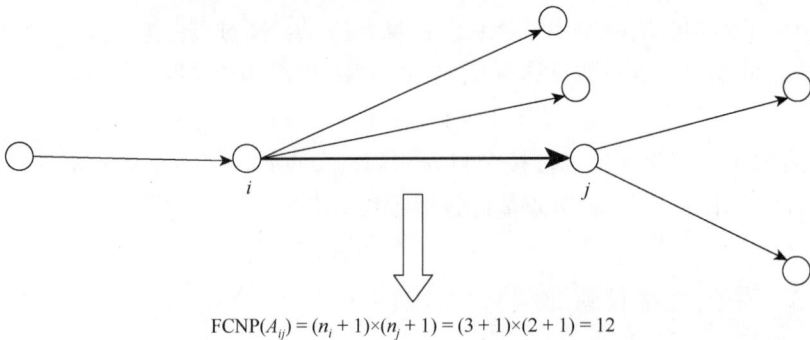

$$FCNP(A_{ij}) = (n_i + 1) \times (n_j + 1) = (3 + 1) \times (2 + 1) = 12$$

图 3-3　基于 FCNP 算法的路径识别原理[15]

3.1.1.5　节点对投影统计数（NPPC）

节点对投影统计数（NPPC）方法由 Hummon 与 Doreian 提出，建立了一个连接节点对的所有子图的邻接矩阵来计算每个连接的遍历计数值[13]。这些矩阵"堆栈"为相对应的行、列节点。遍历计数值就是所有相连节点对在基本矩阵上的投影。最终的投影矩阵的值为网络中抽取出的子图与节点对的连接次数，这便是计算遍历次数的节点对投影计数方法[93]。NPPC 方法的内涵是计算所有从网络中衍生出来的子图中每个顶点对相连接的连接数，即每个连接所包含的全部连接节点对的数目[19]。

3.1.2　主路径方法的应用研究

3.1.2.1　主路径方法应用效果验证

上述主路径搜索算法被学者们陆续应用于不同技术领域，提取具体领域的主路径，筛选路径上高价值专利节点，考察路径演化的连续性、稳定性、分化点等，以此验证算法的合理性，对比其优劣。

在大量的领域应用研究中，SPC、SPLC、SPNP 方法较为常用。Verspagen 通过燃料电池领域的技术路径识别，证实了 SPNP、SPC 两种路径识别算法在专利引用网络中的可行性[18]。Guan 和 Shi 采用 SPC 方法提取了纳米技术专利跨国引用网络的技术路径，结合"小世界"模型考察了引用网络的路径可达长度和聚类特点，验证了方法的可行性[20]。Yang 等、Xu 和 Hua、Yuan 和 Miyazaki 总结了时间间隔划分的两种经验方法——技术生命周期法、基于专利申请时间拐点法，使 SPLC 方法更具有动态性特点，通过电动汽车、航空发动机、风力发电等领域的应用研究，比较了技术路径上的激进式创新与累积式创新的特点[16, 21, 22]。

NETP、FCNP 方法也收到了较好的应用效果。Fontana 等利用专利引用网络研究以太网的技术变革，采用类似 NETP 的方法分析专利引用网络的结构连通性，通过关键路径来绘制技术轨道图，发现了可能危及或是延缓创新进程的瓶颈技术[33]。David 等采用 NETP 算法识别了不同时间间隔内人工椎间盘技术领域的技术演进主路径，以及其中的专利节点所代表的技术热点，并且根据市场状况检验了其合理性[89]。Martinelli 将 NETP 方法应用于电信交换行业的技术路径分析[94]。

由于时间复杂度比较高，NPPC 算法在处理大型网络时可能引起计算溢出，适用性较差，因此后续的应用较少[19, 95]。

总体而言，SPC 算法、SPNP 算法是当前获得认可度最高的主路径方法，在经典的社交网络分析软件 Pajek 与 Ucinet 中都内置有基于这两种方法的相应计算功能。有研究认为二者应用结果总体上基本一致，但也存在一些细微区别：当研究演化主路径或核心专利时，SPNP 算法更适合；当研究路径的衍生时，SPC 算法更适合[17]。SPC 算法得到的结果路径长度略长且主路径构成组分更多，被推荐作为主路径分析的优选方法[14]。从计算的时间复杂度来看，SPC 算法最为经济[19]。

3.1.2.2 主路径方法的应用技巧

在面向具体技术领域的主路径算法应用效果研究中，学者们还从主路径分析的不同环节、角度总结出一些辅助性方法与手段，用以改善主路径方法的应用效果。

在专利引用网络的构建环节，采用 C#编程方法提取和处理德温特专利数据，利用基础专利替换具有相同技术信息的同族专利，从而实现了同族专利的归一化处理，有效清洗了数据源[96]；当数据源很大时，通过增加主成分分析步骤，可以尽快缩小研究范围、提高分析效率，在应用 FCNP 方法研究碳捕获与封存技术发展路径时，结合主成分分析法从复杂的专利引用网络中识别出 5 类主要碳捕获与封存技术发展路径[32]；在分析路径演化特点时，采用时间序列与技术生命周期相结合的方法来划分时间阶段，通过解读不同阶段的子网主路径，强调动态性地对比技术演化路径[97]；在选取关键路径的中间专利时，综合利用直接引用和间接引用信息，引入专利引用强度指标，旨在更全面地找出对后续技术影响作用较大的关键技术节点[24]；结合基于 TRIZ 理论的"技术难题-解决方案"启发式方法，分析不同技术进化轨迹的连续性和稳定性、关键专利节点中阐述的技术背景与技术难题是否发生变化，为技术范式发生演化的定性表示提供依据[78]；将主路径分析法与引文时序分析法结合使用，认为能够充分发挥个体主义方法与网络分析方法的优势，更好地分析知识的产生和转移，揭示学科发展历史过程[98]；利用 NPPC、SPLC、SPNP 提取主路径，以主路径为种子文献提取与主路径关联的最大核心弱组分及凝聚子群，认为与主路径关联的最大核心弱组分和凝聚子群能够展示丰富的领域演化结构，是一种全新的基于连通性的领域演化结构分析方法[99]。

这些实验应用及研究总结，分别从数据预处理、网络构建、路径提取步骤、路径节点选择、路径诠释等不同的角度或环节，改善了主路径方法的应用效果，提高了其应用效率。

3.1.3 主路径方法的优化与扩展研究

除了上述主流算法及其应用研究，学者们还结合各自的实际需求，对主路径方法进行不同的优化与扩展，分别取得了不同程度的进展。

3.1.3.1　连通性遍历权数的加权调节

Liu 等引入了对不同引用情况的相关度考虑[23]，利用法律数据库 WestLaw 中 KeyCite 标引项下的 4 类情况（examined、discussed、cited 和 mentioned）来表征 4 个级别的引用相关度（4-star、3-star、2-star 和 1-star）。当执行了传统 SPC 算法中第一步计算引用网络中连边的遍历数之后，Liu 等引入 4 级引用相关度对连边遍历数进行相关度加权调节，之后再利用加权遍历数来确定主路径。该研究分别设计了 3 种不同的加权调节因子：平坦加权、线性加权、指数加权（图 3-4）。

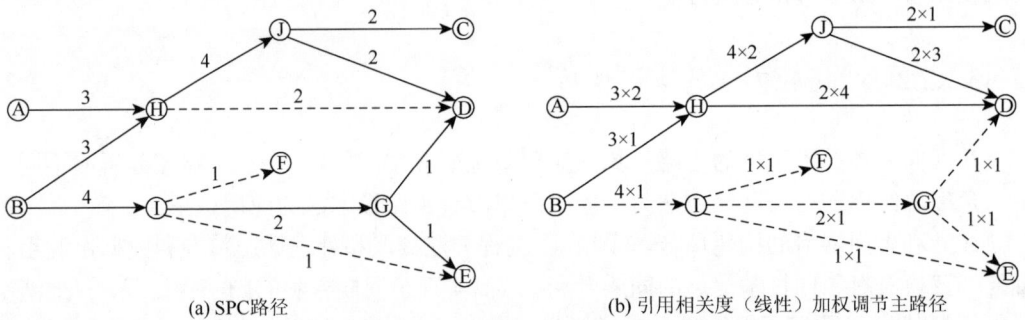

(a) SPC路径　　　　　　　　　　　　　(b) 引用相关度（线性）加权调节主路径

图 3-4　Liu 等的引用相关度加权调节主路径[23]

假定 $r(u,v)$ 是文献 u 与文献 v 间的引用相关度，则平坦加权、线性加权、指数加权三种加权调节因子分别为[23]：

$$\alpha(u,v) = 1 \tag{3-5}$$

$$\alpha(u,v) = r(u,v) \tag{3-6}$$

$$\alpha(u,v) = e^{r(u,v)} \tag{3-7}$$

假定 $\alpha(u,v)$ 为文献 u 与文献 v 间的引用连边的调节因子，则连边 uv 的重要性测度值 $w_{\text{SPC}}^{*}(u,v)$ 为[23]

$$
\begin{aligned}
w_{\text{SPC}}^{*}(u,v) &= \alpha(u,v) \times w_{\text{SPC}}(u,v) \\
&= \alpha(u,v) \times N_{\text{sources as origins}}^{-}(u) \times N_{\text{sinks as destinations}}^{+}(v)
\end{aligned}
\tag{3-8}
$$

式中，$N_{\text{sources as origins}}^{-}$ 为初始点连接路径；$N_{\text{sinks as destinations}}^{+}$ 为终点连接路径。

Liu 等认为，指数加权可能存在调节过度（overkill），但考虑到大型网络计算中 SPC 可能会出现较大级差，因此仍然保留了指数型加权调节设计。该研究以商标淡化诉讼案为例开展了实证，检验不同调节类型的合适度，对比主路径识别效果，认为引用相关度信息有助于主路径分析法揭示重要性较高的法律案件。

3.1.3.2　主路径算法的变体及其综合运用

在传统主路径法基础上，Liu 等提出了增强主路径分析（enhances main path analysis）

的概念，设计了 4 种变体[26]：①全网主路径（global main path），指全网最优 SPC 路径；②后向局部主路径（backward local main path），与全网最优路径可能相同或有所差异，当二者一致时，代表目标领域具有较好的技术融合度；③多主路径（multiple main paths），指放宽搜索限制条件，选出满足一定阈值的次优遍历路径（该研究确定为满足前 20%遍历权数的路径）；④关键主路径（key-route main paths），首先找出全网中的遍历数最高连边，从该连边终点开始，前向搜索直到网络路径终点，再从该连边起点开始，后向搜索直到网络路径的起点，将连边两端路径合并即得。该研究认为综合运用这 4 种变体能够揭示传统方法不能捕获到的一些路径，其中尤以关键主路径变体特别有用。

3.1.3.3 基于主题关联强度的路径搜索

为了克服基于连接度算法的主路径方法对引用网络拓扑属性的依赖，学者们采用了主题关联性指标代替连接度作为路径搜索的参考变量，因而产生了基于主题关联强度算法的主路径方法。

许琦基于孟德尔遗传定律，采用知识遗传分解的方法，提出了"知识适应指数"概念，用以评价专利所承载的知识在技术进化中的适应能力、量化早期专利对当前专利的技术贡献度[25]。许琦认为知识适应能力评价方法不同于连接度算法，侧重于分析当前最新专利的知识起源，重点是把握起始节点对终止节点的知识贡献度和知识传播能力。在将 SAO 三元组作为知识基因表现形式的基础上，许琦和顾新建还提出一种基于 SAO 三元组的知识基因提取方法：在专利引用网络中，应用连接度算法建立知识进化轨迹；利用文本语法分析技术，从专利权利要求书中提取 SAO 三元组；计算语义相似度，绘制知识基因图谱[27]。

陈亮等将文本相似度引入主路径搜索过程，计算文档间的主题相似度，据此进行专利引用网络路径搜索，把技术主题路径上全部节点对的语义相似度之和作为衡量该路径重要性的权重指标，通过路径权重指标计算所得主路径的权重[28]。

3.1.3.4 多主路径方法研究

由于局部主路径、全网主路径都是抽取网络中最大权重的单一路径，学者们认为将最重要路径与其他相对重要路径相结合，有利于发现领域发展的细节，揭示领域的演化情况。多主路径（multiple main paths）研究由此产生。Liu 等通过调整满足搜索限制条件的阈值范围，在全局主路径方法的基础上选出最优与若干次优遍历路径，抽取出多主路径[26]。Liu 等还在数据包络分析领域进行了实证研究[100]。祝清松则在此基础上提出了基于多主路径的关键路径搜索方法，将局部路径搜索方法和全局路径搜索方法相结合，通过降低遍历权重阈值得到由全局主路径、全局次路径、基于起点的局部主路径、基于终点的局部主路径等融合形成的多主路径[101]。陈亮等提出了基于语义的多主路径抽取方法，在通过文档的主题相似度抽取主路径并计算出主路径权重后，首先挑选出权重最大的技术主题路径作为目标网络，然后按照路径权重降序依次将其余技术主题路径逐一并入目标网络，直至得到包含路径较少但弱独立子网数目较多的目标网络，形成技术主题骨架[28]。

3.2　主路径方法研究当前局限性

总体而言，当前的引用网络主路径研究主要关注经典路径搜索算法的应用，比较经典算法的应用效果，通过实证来辨析算法的合理性与可行性；同时，也针对不同的应用目的，关注从不同角度出发对经典算法进行调节，以期改善主路径提取效果。当前的引用网络主路径研究过程大多遵循的基本思路是：构建专利引用网络、析出最大子图、运用某一种搜索算法提取主路径、通过对比解读不同时间间隔的网络主路径形态来总结技术演化主路径特点。

当前的引用网络主路径研究主要存在下述不足之处[12]。

3.2.1　未充分反映技术演化驱动力的多元性与系统性

现有研究大多从单一目标出发来选择技术主路径的演化方向，如根据引用网络连边的连通性或网络节点主题相似性，选取路径发展的下一节点。事实上，技术演化是技术领域内部动力、外部环境发展推力、需求拉力等多种合力共同作用下的发展结果，技术演化过程正是由于这种作用而呈现出技术结构性、路径选择性、发展周期性等特点。因此，专利引用视角的技术演化路径分析不应仅局限于从专利引用关系强度来看待技术的继承与整合，还应该将技术演化发展视为一个多目标作用下的多因素群组决策问题。在当前研究中，仅仅依据单一目标属性值提取主路径，忽视了不同影响要素同时对技术演化进程的综合影响效果，不能充分反映技术演化驱动力的多元性与系统性特点。因此，有必要对影响主路径产生的诸多因素进行系统梳理，从系统性、工程化的角度解构其间的不同作用要素与作用机理，研究多因素作用下的路径识别方法。

3.2.2　未区分不同引用动机对主路径发展的影响差异

专利引文主要包括两种类型：①审查对比文件，指专利审查员在审查过程中参考或引用的专利文献或非专利文献；②发明人引用文献，指发明人在发明创造过程中参考的专利文献与非专利文献[102]。专利法规定专利引文是审查专利权利要求范围的参照物，每一条专利引文都对应着拒绝或限定一项权利要求的决定[103]。因此，发明人可能会因利益驱动，在专利申请文件撰写过程中本能地回避某些相同或相似的在先技术，或者列举其他技术存在的缺陷，以免妨碍自己的申请；审查员的施引行为多发生在专利审查过程中，引用对比文献作为说明知识来源、判断专利申请"三性"、限定授权范围的基准[104-106]。由此可见，专利引用行为是受专利法约束、由垄断利益驱动并导致创造性毁损的复杂社会行为[107]。不同引用行为主体的专利引文关系所揭示的专利技术继承性与相关性程度差异较大。已有研究指出，发明人的他引信息与专利申请的相关程度远低于审查员的引文信息，审查员引文信息与技术本身相关的概率接近发明人引用信息的 2 倍[108-110]。

　　然而，当前主路径方法都是平等地对待不同施引主体的专利引用关系，忽略了专利申请人和专利审查员截然不同的引用目的，使得所出具的专利引文信息的代表意义具有一定的偏差和不确定性，因而在技术演化路径方向选择上不可避免地带来了结论性的误差。

3.2.3　对引用网络主路径演化的动态特性关注不够

　　专利引用网络是专利技术发展的时序网络。实验发现，由于引用现象中不可避免的时间累积效应，无论专利还是科技论文，高被引文献往往更多地出自领域的早期产出。由于偏好依附是驱动网络演化的一个重要机制[111]，这类具有首动优势（首先行动优势）[112]的文献在网络演化过程中更容易取得较大的节点连通性，即在时间累积效应影响下，早期文献更容易获得高被引机会，在网络路径中具有更高的遍历频次，从而体现出连接重要度。相应地，网络中高被引文献的网络关系显得更为凝聚，主要围绕特定节点形成关系网络，主路径组分也会展示更多的时间传递性与分块性[113]，引用网络主路径构成组分也呈现出一定的先发效应，早期文献占据了较大优势[11]。另一方面，一项技术自诞生后，会逐步经历萌芽期、发展期、成熟期、衰退期、复苏期（可能）的技术生命周期过程，在每个阶段，其技术价值是动态变化的，因此在不同阶段发生的专利引用关系对在后施引专利技术的影响力也应该是动态变化的，在基于专利引用网络的技术演化分析中，不能忽视这样的动态性。

　　当前大部分专利引用网络主路径分析基本都关注静态网络研究，基于特定拓扑结构展开。这些研究忽略了技术演化进程中时间因素对路径重要性的影响，缺乏清晰而成熟的含时框架来进行式地描述含时网络中的专利技术路径的提取和预测。尽管个别学者开始关注引用网络路径的动态特征，如将文献老化理论引入引用网络最优路径探测中，利用负指数曲线拟合引文被引用频次分布，测度引文权重随时间的变化[95]，但总体而言，对路径随时间演化的动态特征及对链路预测研究的重要性缺乏深入的刻画，对于有向、含时、加权的技术演化网络路径的研究较少。

3.2.4　多主路径方法本质上仍是对单目标搜索结果的阈值调控

　　当前的多主路径研究方法主要分为两类，一类是通过调节满足搜索条件的阈值范围，抽取出基于某一目标的最优与若干次优遍历路径；另一类则是抽取出符合某一目标条件的局部主路径、全局主路径，融合形成多主路径。上述两类研究，其本质上都是基于单一目标（路径连通性或是主题相关性）进行路径搜索，抽取的多上路径只是基于对单目标条件最大化的不同满足程度与范围的调控。

　　技术创新活动具有持续性、选择性、累积性特点，在此影响下，技术路径识别的判断目标除了路径连通性、主题相似度，也有可能是路径总长度、路径时间跨度等，不同搜索目标各有优劣。同时，各搜索目标又可能处于冲突状态。例如，当路径满足连通性最大目标时，路径的相似度总和未必是全网最高的；当路径相似度总和最高时，又未必是全网最长的演化路径。因此，对于这些相互冲突、不可公度的目标，很难存在使所有目标同时达到最优的绝对最优解,因而当前所谓的多主路径方法推荐的结果,并非如期望般地能够较全面地揭示领域演化的综合情况。

3.3　专利引用网络主路径方法研究突破探讨

针对当前研究中存在的局限,本书从算法思想、约束条件、效率性三个方面,就未来专利引用网络主路径方法研究的可能突破方向,提出三点思考[12]。

3.3.1　反映技术演化驱动的系统性与多元性

对算法思想进行实质性、创新性拓展,更全面地反映技术路径发展的系统性与多元性。主路径方法的最大优势在于通过对大型复杂网络的主路径提取、识别来实现对复杂网络的降维与简化,找出网络中最重要的主干网。但当前研究中存在搜索目标单一化、算法固定性与过度选择性等缺点。技术演化是多因素"合力"作用结果,专利技术演化路径是多元驱动力下发展方向的综合性选择,因而专利技术演化路径问题应该被视作一个多目标决策问题,技术演化主路径的发展方向体现了技术领域演化过程中各阶段影响力的多目标优化结果。今后在算法基本思想上应该更多地借鉴多目标优化思想,尽可能地兼顾技术路径演化的不同目标,尤其是不可公度甚至可能有所冲突的技术演化目标,研究同时满足多目标优化的技术演化主路径问题模型与相应的解决方案。

3.3.2　提升方法及结果的科学性与权威性

把握网络分析法的约束条件,提升主路径方法与结果的科学性与权威性。当前单纯的节点相似性方法或节点间连接方法不足以完全反映引用网络路径的本质结构特征和发展趋势,必须把握各类约束条件对引用网络发展的动态性、客观性、未来性的影响,才能完整有效地把握引用网络演化趋势与主路径走向。例如,在网络静态拓扑特征研究基础上,进一步关注引用行为的时间累积效应,加强专利引用网络的动态性特征研究、对技术主路径发展的约束和影响研究、未来前景与趋势推演研究,有助于进一步提高专利引用网络主路径方法的科学性与未来预见性;深入辨析施引主体的动机差异对技术路径方向选择的影响,有助于增强主路径提取结果的客观性与公允性;除与内容无关的分析方法(如网络连通性指标),结合更多与内容有关的技术演化属性(如基于专利路径的语义关系揭示),才能增强主路径研究结果的专业性与权威性。

3.3.3　兼顾算法的效率性与实用性

兼顾算法的效率性与实用性,增强主路径方法的适用性与实用性。起源于 Hummon 和 Doreian 的主路径方法的基本思想是基于网络理论的路径穷尽搜索,当引用网络规模较大时，算法的时间复杂度高，容易引起计算溢出，算法适用性差。当前，虽有研究通过增加主成分分析预处理步骤来缩小数据源范围，或是改善初始搜索起点专利的选取方法来提高分析效率，但这些都是基于单目标穷尽搜索原理的枝节性修正，未能从方法本质上解决问题。未来研究重点之一是对主路径方法的本质改进，兼顾搜索效果与效率的同时最优，实现在合理时间内找出质量较高的主路径或多主路径。特别地，在多目标情形下通常得到的不是一个最优解而是一个 Pareto 最优解集，传统的精确算法难以在合理时间内得到问题的 Pareto 最优解集，因此采用启发式算法求解引用网络主路径问题的 Pareto 最优近似解集具有较强的适用性与实用性，将为专利引用网络多主路径研究提供新视角。

3.4　本　章　小　结

本章属于文献综述，对现有专利引用网络主路径方法研究内容进行总结梳理，为应用该方法解决技术演化进程中的关键性专利技术识别和主流线索提取提供理论支撑。本章系统梳理了当前专利引用网络主路径方法的相关研究成果，从算法研究、应用研究、方法优化扩展研究三个方面总结了现有研究的主要内容及其主要特点。本章重点分析了当前专利引用网络主路径方法研究的主要局限性，即对路径发展驱动力的多元性与系统性揭示不够、忽视不同引用动机对路径演化的影响差异性、对路径演化的动态性关注不足、现有多主路径方法本质上仍属单目标搜索。最后，本章探讨了未来专利引用网络主路径研究的可能突破方向。

第4章 专利引用网络主路径的影响因素研究

4.1 影响专利引用网络路径演化的客观因素

4.1.1 技术创新活动具有持续性

学者们认为,在后专利对在先专利的引用关系代表了在后的施引专利对在先的被引专利在技术内容上的继承性发展,类同于科研论文的引用关系,专利引用行为也反映了无形的知识流信息[114]。技术的继承性和关联性在专利引用中有着明显的体现[115]。在这种持续性特点的影响下,专利引用网络演化路径表现出时间维度上的延伸性与连通性[18]。

4.1.2 技术创新活动具有选择性

与科技论文相比,由于具备经济与法律属性,专利技术演化路径除了受技术本身发展驱动,还会受市场与环境发展的驱动。专利技术研发活动比科学研究活动更容易受技术投资人、技术经济管理部门、市场消费者的激励或约束[116]。虽然理论上技术可以向各个方向发展,但技术的最终价值必须能够体现在产品上并实现市场化,所以技术发展的方向是有选择性的,在演化进程中只有少数的技术发展方向被选择并最终延伸下去[17]。因此,专利技术的演化过程体现了市场与环境对技术的选择过程。借助组织生态学中的种群演化理论,专利引用网络的演化反映了专利技术种群内部、多个子种群之间的协同进化关系,网络主路径的发展是技术选择的压力决定专利技术种群进化方向的表现[38]。

4.1.3 技术创新活动具有周期性

4.1.3.1 专利引用行为规律不宜套用文献老化理论

专利引用网络是专利技术发展的时序网络。已有实验发现,无论是专利文献还是科技论文,早期文献更容易获得高被引机会,在引用网络链路中容易具有更高的遍历频次,表现出较大的连接性重要度。在偏好依附机制的驱动下[111],具有首动优势[112]的文献在网络演化进程中更容易取得较大的节点连通性。因而高被引文献的网络关系显得更为凝聚,主要围绕特定节点形成关系网络,主路径组分展示更多的时间传递性与分块性[113],引用网络主路径构成组分也呈现出一定的先发效应,早期专利文献占据了较大优势[11]。因此,学者们开始关注,不应因平等地对待专利文献之间的引用关系而忽略了时间因素对路径重要性的影响。

将文献老化概念引入被引频次研究是学者们研究时间累积效应对引用行为影响的一个重要途径。文献老化概念源于 1943 年 Gosnell 提出的"半衰期"[117]，此后陆续出现了中值引文年限、普赖斯指数、最大引文年限等更多的文献老化指标[118]；1985 年，Burrell 运用"半衰期"来表征文献情报老化速度，测度图书馆馆藏书籍老化速率的负指数老化模型[119]。近期出现的将文献老化理论研究引入引用网络路径探测的研究是在 2015 年，宁景博将普赖斯各学科领域文献老化研究理论引入引用网络最优路径探测中，利用负指数曲线拟合引文被引用频次分布，测度引文权重随时间的变化[95]。除了应用文献老化理论，还出现了一些其他的含时网络研究方法。例如：2009 年，Sayyadi 和 Getoor 提出了 FutureRank 方法，整合了引文、作者、引文时间等信息来提高未来引文排名预测的准确率[120]；2012 年，段庆锋等将时间因素纳入随机游走模型，提出了基于改进 PageRank 算法的引文文献排序方法[121]，与传统 PageRank 算法[122]相比，在一定程度上削弱了发表时间对最新发表文献的不利影响。此外，关于专利文献老化的相关研究出现于 1976 年[123]。1985 年，Noma 等研究认为高被引专利文献与低被引专利文献具有相同的老化速率[124]。

本书认为，由于专利文献与科研论文存在基本性质的根本差异，对于专利行为规律的研究不能单纯套用文献老化行为的相关理论。不同于科研论文，专利文献除了反映新的科技信息，从某种意义上讲还代表了公众和专利权人之间的一个契约关系：在满足取得专利的所有条件的前提下被授予专利权后，专利权人就有权阻止他人使用专利所保护的发明；同时，作为交换，通过要求符合取得专利的条件和给予一定期限的专利保护，政府可以保证将与发明有关的信息公布于众，而在专利保护期届满后，任何人都可使用该发明，该期限一般为自申请日起 20 年。因此，专利制度的目的不仅是促进技术及时公开，更是为技术进步提供保护，保护发明创造者的积极性，促进经济和社会发展。故而，专利文献及其相关活动的老化规律必然会受到技术发展规律、市场发育、经济环境等多方因素的共同影响，也必然不能完全照搬套用文献老化理论。

4.1.3.2　专利引用行为遵循技术生命周期规律特点

1. 专利引用行为特点符合技术生长的周期性规律

专利引用发展趋势在一定程度上反映了专利技术问世后被公众和市场接纳的过程，以及技术领域的成长过程。这也是一个反映技术萌芽期、发展期、成熟期、衰退期、复苏（可能）期的技术生命周期的过程。经典的技术发展模型表明从基础研发到技术商业化应用是一条简单线性路径，但在实践中，技术扩散往往更表现为一个复杂的迭代过程[125]。许多研究比较了不同模型应用于技术扩散研究的应用效果[126-128]，大量实证结果认为由于技术扩散方式受内部因素的影响更甚于外部因素，因此 Logistic 生长模型（其理论基础偏重于内部影响力）更适用于研究科技创新的扩散模式[129]。

2009 年，Fallah 等选取生物技术、电信技术、可替代能源技术 3 个领域中的 Top5 高被引用专利，分别基于其前向引用频次进行了线性模型、二次模型、S 形模型以及 Logistic 模型的拟合分析，认为 Logistic 模型拟合的显著性较低，其余 3 种模型拟合的显著性较高[130]。

2014 年，张晓强等以巨磁阻领域的 1 件基础核心专利为例进行 Logistic 回归分析，通过实验研究得出"某一领域中基础核心专利的前向引用遵循 Logistic 扩散模型"的结论[131]。

2. Logistic 模型

Logistic 模型最早由比利时数学家 P. F. Verhulst 于 1838 年提出，在 20 世纪 20 年代受到生物学家与统计学家的重视，它能较好描述某些有界增长现象，在预测学、信息科学、生物学、农业学和经济学领域有广泛应用[132]。Logistic 模型可以表示为

$$Y(t) = \frac{L}{1 + Be^{-kt}} \tag{4-1}$$

式中，$Y(t)$ 是衡量 t 时刻的绩效参数，在技术扩散研究中，代表 t 时刻的扩散程度；L 是参数 Y 的成长上限，代表技术扩散的饱和程度；t 是时间；B 是曲线拐点，代表生长扩散的转折点；k 是曲线的斜率，代表扩散速率。B、k 由回归方程式求出。Logistic 模型已被应用于技术扩散轨道比较、技术扩散模式特点研究、技术扩散影响因素分析与趋势预测等方面[129, 133, 134]。

3. 专利引用行为遵循 Logistic 模型验证

本节以石墨烯传感技术领域为例，通过真实的专利引用网络研究发现：专利引用频次的发展趋势符合技术成熟度曲线特征；并且，除领域内的高被引专利、基础核心专利，领域内所有专利的前向引用频次发展整体趋势也遵循 Logistic 模型。具体研究过程如下[135]。

（1）实证数据准备。以德温特创新索引（Derwent Innovations Index，DII）作为数据源，确定一批与石墨烯传感技术主题高度相关的美国专利 102 项，建立种子专利集合。分别采集被 102 项种子专利所引用的在先被引专利、引用这 102 项种子专利的在后施引专利；为确保数据样本能够尽量充分地反映技术扩散链，采集了两代在先被引的美国专利。合并种子专利、被引专利、施引专利，一共得到 26537 件美国专利，作为本实证分析的数据样本集合。

石墨烯专利最早出现于 2000 年，2004 年石墨烯制备技术取得了重大突破。考虑到专利审查周期、专利引用周期等因素，将种子专利的申请年范围限定为 2000～2011 年，以保障获得更丰富的引用信息。为避免不同国家（组织）关于专利申请、授权的司法制度规定差异对数据研究结果造成影响，本书将分析对象限定为美国专利。

（2）数据特征观测。按申请年对专利进行分组，26537 件美国专利涉及的申请年为 1961～2015 年，由此得到 55 组专利。对每组专利，统计从申请年至今的历年被引用频次，得到 55 组专利前向引用趋势变化数据。为避免近年数据因公布时滞造成不完全公布从而影响研究结果，本书选择了申请年为 1961～2010 年的 50 组专利的被引频次变化数据作为研究的观测样本值。表 4-1 是 50 组专利在申请年后历年的当年被引频次统计量。表 4-2 是 50 组专利在申请年后历年的累计被引频次统计量。

表 4-1 石墨烯传感技术专利被引频次（自申请后 T 年当年量）

申请年	数量/件	被引频次（自申请后 T 年当年）/次										
		1	2	3	4	5	……	49	50	51	52	53
1961	18	1	4	2	2	12	……	49	42	51	13	18
1962	31	0	11	9	14	16	……	80	26	44	35	—
1963	24	0	9	15	23	12	……	58	46	26	—	—
1964	31	8	7	17	19	14	……	42	25	—	—	—
1965	28	2	6	11	8	13	……	14	—	—	—	—
1966	54	5	14	9	22	21	……	—	—	—	—	—
1967	45	1	6	13	22	29	……	—	—	—	—	—
1968	56	1	5	11	20	27	……	—	—	—	—	—
……	……	……	……	……	……	……	……	—	—	—	—	—
2009	620	1153	2173	2986	3338	2807	—	—	—	—	—	—
2010	454	742	1423	1775	1713	—	—	—	—	—	—	—

表 4-2 石墨烯传感技术专利被引频次（自申请后 T 年累计量）

申请年	数量/件	被引频次（自申请后 T 年累计）/次										
		1	2	3	4	5	……	49	50	51	52	53
1961	18	1	5	7	9	21	……	541	583	634	647	665
1962	31	0	11	20	34	50	……	1231	1257	1301	1336	—
1963	24	0	9	24	47	59	……	1653	1699	1725	—	—
1964	31	8	15	32	51	65	……	1285	1310	—	—	—
1965	28	2	8	19	27	40	……	1179	—	—	—	—
1966	54	5	19	28	50	71	……	—	—	—	—	—
1967	45	1	7	20	42	71	……	—	—	—	—	—
1968	56	1	6	17	37	64	……	—	—	—	—	—
……	……	……	……	……	……	……	……	—	—	—	—	—
2009	620	1153	3326	6312	9650	12457	—	—	—	—	—	—
2010	454	742	2165	3940	5653	—	—	—	—	—	—	—

对散点图观测发现，50 组专利的前向被引频次发展趋势符合技术扩散模型的特点，即每个时期的统计量（当年被引频次）遵循钟形曲线（图 4-1），叠加统计量（累计被引频次）遵循 S 形曲线（图 4-2）。

（3）Logistic 曲线拟合。①数据观测变量。50 组观测数据（表 4-2）反映出，石墨烯传感技术领域专利技术的扩散速率有所差异，会受到专利年龄的影响。例如，早期公布的专利技术可能由于尚处于萌芽阶段，专利体量不大，扩散速度受到限制；而后期产生的技术虽可能因体量庞大而影响面较广，但同时也会因问世时间不长而使被引链路较短。

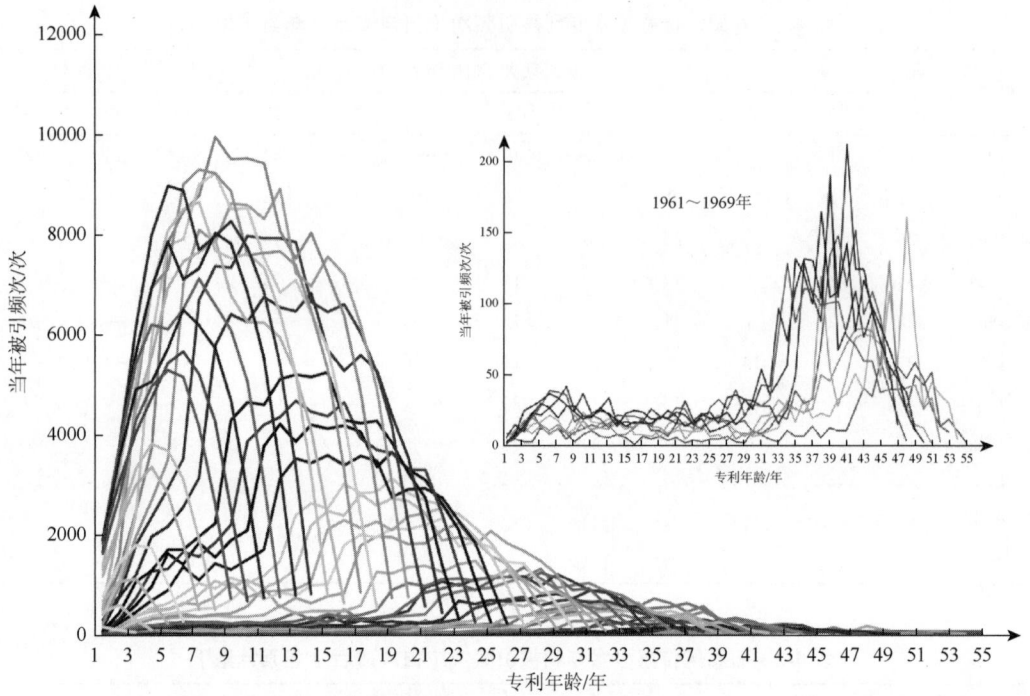

图 4-1　石墨烯传感技术美国专利被引频次（当年）

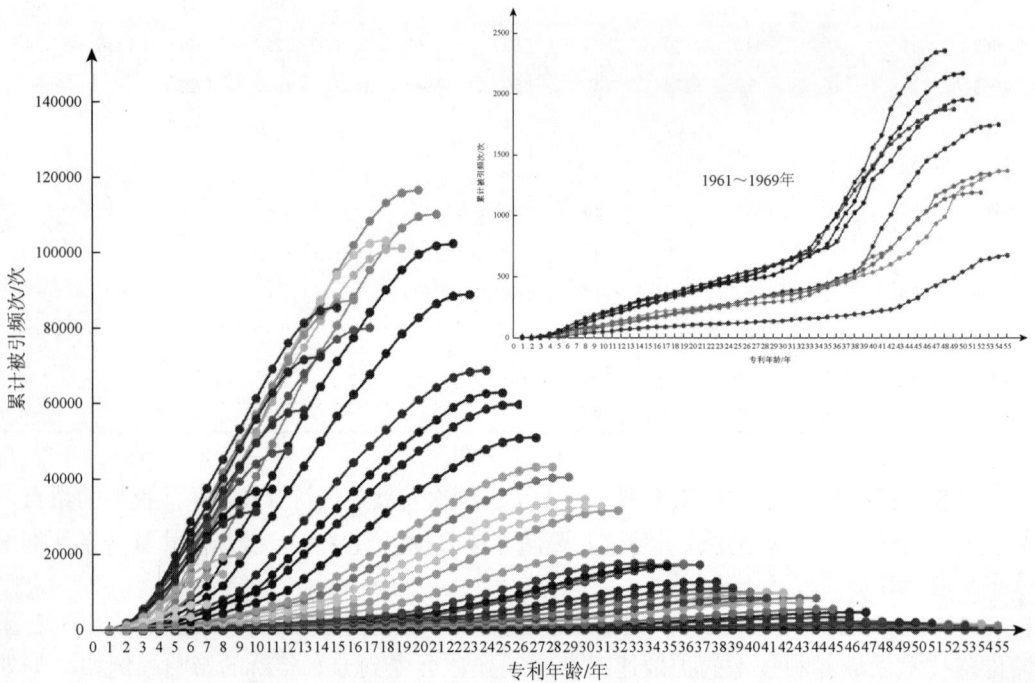

图 4-2　石墨烯传感技术美国专利被引频次（累计）

因此，本节选取 50 组观测数据的中段 5 组（1986～1990 年组），以 5 组数据和自申请日起 26 个观测时点（年）的观测值（被引频次）作为实验变量（表 4-3），用以开展石墨烯传感技术领域的专利技术扩散曲线拟合分析，以便更好地反映领域技术扩散的稳态特点。

表 4-3　石墨烯传感技术专利累计被引频次（1986～1990 申请年）

专利年龄（t）/年	累计被引频次（Y）/次	专利年龄（t）/年	累计被引频次（Y）/次
1	194	14	62366
2	1089	15	73939
3	2857	16	86706
4	5332	17	99962
5	8204	18	112993
6	11988	19	125708
7	15921	20	138482
8	20522	21	151033
9	25555	22	163024
10	30834	23	173611
11	36119	24	183187
12	43409	25	190895
13	52191	26	196252

运用 SPSS 19.0 软件对表 4-3 实验变量数据分别进行线性模型、对数模型、二次模型、S形模型、增长模型、指数模型以及 Logistic 模型的拟合分析。拟合函数图如图 4-3 所示。模型的参数估计值（表 4-4）显示二次模型、线性模型、Logistic 模型等 3 种模型的拟合效果较

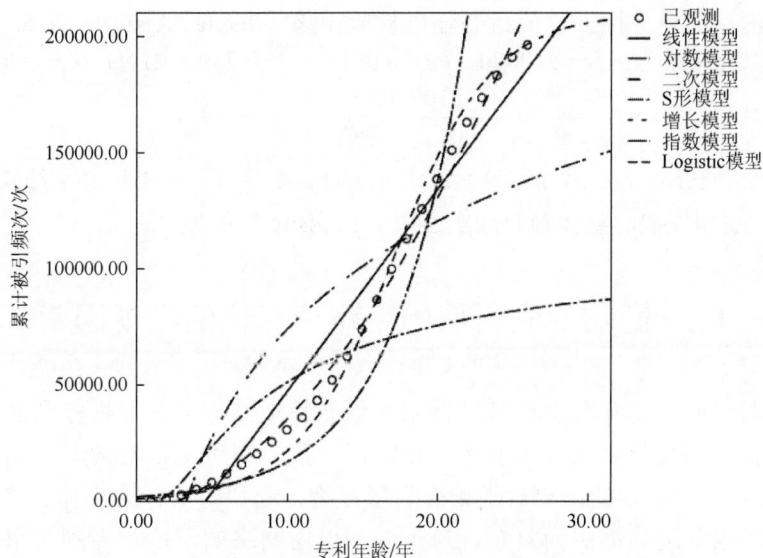

图 4-3　石墨烯传感技术专利引用趋势模型拟合函数图

好。二次模型的拟合效果最好，但显然并不符合实际情况，因为专利累计被引频次只会保持递增，不会出现二次模型中变量将在某一时点开始下降的特点。同时，从数据现象实际观测特点可知，线性模型也不符合数据真实特点。因而，该实验数据的 Logistic 模型拟合效果显著。

表 4-4　六种模型的参数估计值

模型	模型汇总					参数估计值		
	R^2	F	$df1$	$df2$	Sig.	常数	b_1	b_2
线性模型	0.952	476.018	1	24	0.000	−39576.628	8664.858	—
二次模型	0.993	1532.882	2	23	0.000	−5911.508	1450.904	267.183
Logistic 模型	0.951	462.191	1	24	0.000	0.001	0.739	—
S 形模型	0.820	109.230	1	24	0.000	11.622	−7.792	—
增长模型	0.829	116.553	1	24	0.000	7.651	0.209	—
指数模型	0.829	116.553	1	24	0.000	2103.413	0.209	—

②曲线回归拟合过程 L 值估计。Logistic 模型参数（包括最大值 L）估计方法很多[136]，本书采用尝试法。选取比所有 Y_i 观测值稍大的数作为 L 的初值，然后以一定步长增长，每设定一个步长 L_i，计算相应的参数估计值，比较相应函数模型的拟合结果，直到得到最佳拟合效果。

基于表 4-3，通过尝试法，得到 L 为 210000。

③曲线回归拟合过程。在 SPSS 19.0 软件中，选择曲线回归（curve estimation regression）功能，按提示输入 $Y(t)$ 作为因变量、t 作为自变量，选择 Logistic 模型，键入最大值参数 L 的估计值，选择进行方差分析并输出检验结果（display ANOVA table）。执行设定程序。实验拟合结果为：$L = 210000$，$b_0 = 0.001$，$b_1 = 0.739$，则有：$k = \ln b_1 = 0.3025$，$B = L \times b_0 = 210$，$Y = \dfrac{L}{1 + Be^{-kt}} = \dfrac{210000}{1 + 210 \times e^{-0.3025t}}$，$R^2 = 0.951$。

根据 SPSS 的分析结果，该实验案例中 Logistic 模型拟合效果较好，经验证，技术领域内专利前向引用发展的整体趋势确实遵循了 Logistic 模型。

4.2　影响专利引用网络路径演化的主观因素

不同于期刊论文，专利文献既是技术文献又是法律文献。根据专利法的规定，专利引文是审查专利权利要求范围的参照物，每一条专利引文都对应着拒绝或限定一项权利要求的决定[103]。因此，相对于论文引用行为，专利引用行为主体、引用动机、引用内容、引用相关度等都更为复杂，对于专利引用网络的形成、专利引用路径的发展具有极大影响。

4.2.1　专利施引行为主体的引用目的和引文类型差异

专利引文主要包括两种类型：发明人引用文献、审查对比文件。这是与专利引用行为的主体、引用的目的密不可分的产物[102]。

4.2.1.1　发明人引用文献

发明人引用文献指发明人在发明创造过程中参考的专利文献与非专利文献。发明人在进行发明创造活动时要参阅大量的相关文献以借鉴已有的技术，用以表明对该技术已有了很好的把握；在撰写专利说明书时，通常以参考和引用与本申请最接近的现有技术文件来描述本发明的技术背景。

以我国为例，根据《中华人民共和国专利法（2008 修正）》规定：授予专利权的发明和实用新型，应当具备新颖性、创造性和实用性（第二十二条）；发明专利的申请人请求实质审查的时候，应当提交在申请日前与其发明有关的参考资料（第三十六条）。以专利法的规定为基准，《专利审查指南 2010》就"说明书的撰写方式和顺序"规定：发明或者实用新型说明书的背景技术部分应当写明对发明或者实用新型的理解、检索、审查有用的背景技术，并且尽可能引用反映这些背景技术的文件。尤其要引用包含发明或者实用新型权利要求书中的独立权利要求前序部分技术特征的现有技术文件，即引用与发明或者实用新型专利申请最接近的现有技术文件。

4.2.1.2　审查对比文件

审查对比文件指专利审查员在审查过程中参考或引用的专利文献或非专利文献。专利审查员为审查专利申请文件的新颖性、创造性和实用性进行必要的专利检索，找出用以判断专利性的对比文件，以便决定是否授权。

《专利审查指南 2010》规定：审查员引用的对比文件可以是一份，也可以是数份；所引用的内容可以是每份对比文件的全部内容，也可以是其中的部分内容。对比文件是客观存在的技术资料，对比文件公开的技术内容是审查员判断发明或实用新型的新颖性和创造性的重要参照。

4.2.2　专利引文类型差异对专利引用关系的影响

专利法的规定使不同专利引文类型体现出的知识关联程度存在差异。发明人可能会因为渴望获得授权与自我保护的利益驱动，在专利申请文件撰写过程中，本能地回避某些相同或相似的在先技术信息，因此发明人引用文献所反映的专利引文关系有可能并不具备最高的技术相关性，甚至不是真实的技术相关性。审查员引用的对比文件是依据专利法对在后申请进行专利"三性"判断、授权范围限定的基准，因此审查员对比文件反映的专利引文关系应该具有更强的技术相关性；并且，经审查后获得授权的专利，表明它相较于对比文件技术仍然具备"可专利性"，因而表明它除了高度的技术相关性，对在先技术还存在一定程度的继承与进化关系。

研究人员通过比较专利引用与论文引用本质上的异同，认为对于论文引文与专利引文采用通用的计量分析框架具有一定的局限性，但关于论文引文的研究对于专利引文研究仍具有极大的启发意义[137]。李睿和孟连生研究指出，专利引用行为与期刊论文引用行为在频次分布、学科领域分布、语种分布等方面存在明显的相似性，这是论文引文分析法"移植"到专利计量分析领域的合理性基础[138]；但专利引用行为是受专利法约束、由垄断利益驱动并导致创造性毁损的复杂社会行为，对专利文献的计量和分析必须建立在技术理解和法律解读的双重基础上[107]。不同引用行为主体的引用目的、引用对象、引用方式的差异化，决定了将期刊引文分析方法"简单移植"到专利引文分析中又存在一定的不合理性以及可能导致的结论误差[106,138]。

因此，不同施引行为主体的专利引用行为具有不同的倾向性。审查员的施引行为多发生在专利审查过程中，用以限定专利申请的权利范围、描述在后申请与先有技术的关系、说明知识来源。发明人引用的动机较为复杂，一方面是受到专利法规约束的行为，不得不通过引用文献来说明技术发明的继承性和关联性，查找与自己发明相关或相似的对比文献使侵权可能最小化；另一方面，出于利益原因，发明人会尽量引用不相同或不相似的技术信息，比如其他技术存在的缺陷，以免妨碍自己的申请获得授权[103-105]。

在此前提下，不同类型的专利引文所揭示的专利技术继承性与相关性程度差异较大。已有研究陆续指出，发明人的他引信息与专利申请的相关程度远低于审查员的引文信息[108]，审查员引文信息与技术本身相关的概率接近发明人他引信息的 2 倍水平，且发明人引文数量也远低于审查员引文数量[109]，截然不同的引用目的使专利申请人和专利审查员所出具的专利引文信息的代表意义存在偏差和不确定性[110]。李睿区分了审查员施引、发明人自引、发明人他引等 3 种引用行为动机，认为审查员施引的动机是为审查专利新颖性、创造性提供对比文件，以及为判定专利的权利保护范围提供客观依据；发明人自引的主要动机是说明技术的继承性和关联性；发明人他引的动机则以否定型为主。李睿进而辨析了 3 种类型的专利引文揭示科学-技术关联的程度差异，提出就反映科学-技术的关联程度而言，3 类专利引文的排序由高至低依次是：发明人自引信息、审查员引文信息、发明人他引信息。在此基础上，李睿依据序关系-权重转换原理对 3 类专利引文进行了差异赋权[139]。

4.3　专利引用网络主路径识别的主要原则

综合考虑各方面影响因素，可以根据决策需求的侧重点并结合数据可得性，确定选择哪些方面为主路径识别的优化原则或改进方向。以下四个方面都是在不同决策场景中可能考虑的主路径优化目标。

4.3.1　路径连通性最大

选择路径连通性为主路径搜索目标，主要是为了反映技术创新活动的持续性因素。路径连通性目标是以根据知识扩散的连接性为核心的思想,视最大技术流通量为主要考虑因素。路径连通性代表了所承载的知识流通量。具有高度连通性的路径可被视为网络演化过程中知识流动的主干道。SPC、SPNP、SPLC 等主路径提取算法都是基于连通性计算的提取方法,比较实用。实践中,多数情况下根据遍历权重最优搜索得到的局域最优路径与全网最优路径可能相同或差异很小(二者的一致代表了技术领域的融合度)[26]。但需要注意的是,当局域最优路径与全网最优路径不一致尤其是相差较大时,单纯以连通性最大的路径为最优解就不合适了。

4.3.2　路径主题相似度最高

选择路径主题相似度为主路径搜索目标,除了能反映技术创新活动的持续性因素,还能够反映技术创新活动的选择性、创新主体的专利引用动机。因为,市场与环境对技术发展方向性的选择过程、创新主体(发明人)对专利引用的主观动机都会直接影响路径的技术主题演化走向。路径主题相似度目标是以技术演化过程中的继承性为主要考量因素,将节点的拓扑相似性、主题相似性与出入度信息相整合,通过各类相似性及其联系的历史变化来研究技术的演化历程。这一目标兼顾了技术流通量与主题一致性,如以路径上所有专利节点对的语义相似度总和最优作为启发策略进行路径搜索,有助于获取若干能够分别聚焦于特定主题的主路径(路径上的专利在技术主题一致性上保持全局最优),进而组成可供研究者总览既定技术领域主要技术发展脉络的技术主体骨架[28]。

4.3.3　路径步数最长

路径步数目标以技术演化的持续性为主要考虑因素,尤其是当连通性搜索结果并非全网最长路径时。但需要注意的是,有时候路径步数最长却并不意味着承载的技术流通量最高,当节点的流入、流出度过低时,所在的技术流通路径虽具有长度优势但却未能成为领域技术演化的主要选择方向,这时单纯以路径步数为最优解目标是不合适的。

4.3.4　路径时间跨度最长

路径时间跨度目标是以技术演化的持续性因素为主要考虑因素的。如果研究目标与时间间隔相关性较强,而和其他因素是微相关时,可以将时间跨度作为目标,这样可以避免其他因素的影响,简化计算。例如,观察早期专利技术在长期“休眠”之后的复苏,以此寻找“冷门”技术因为关联技术发展或是配套条件成熟从而开始进入技术选择主流方向的可能。但需要注意的是,大多数时候路径的时间跨度与路径步数是密切相关的,所以一般很少单纯地采用时间间隔为最优化的路径搜索目标。

从以上的各个原则可以看出,每个目标都具有各自相应的优劣之处,并且各个目标间又可能处于相互冲突状态。例如:当路径满足连通性最大目标时,路径的技术主题相似度总和未必是最高的;当路径的技术主题相似度总和最高时,未必是全网最长的演化路径。

因此，对于这些相互冲突、不可公度的路径搜索目标，依据现有研究中提出的方法很难得到使所有目标同时达到最优化的绝对最优主路径，这也是当前所有依据单目标评价的主路径搜索方法所不能解决的问题。

4.4　本 章 小 结

本章系统研究了影响专利引用网络演化路径发展的客观因素、主观因素，在此基础上分析梳理了识别专利引用网络主路径时的几个主要确立原则。首先，本章分析了专利引用网络发展的客观影响因素，包括技术创新活动的持续性、选择性、周期性，重点研究了创新活动的技术周期性影响。从专利制度的本质出发，专利引用行为受到技术发展规律、市场发育、经济环境等多方因素的共同影响，因此本书认为专利引用行为规律研究不能简单套用文献老化理论，并且在已有研究基础上，以石墨烯传感技术领域为例，通过真实的专利引用网络实证研究，证实了专利引用行为规律符合 Logistic 模型特点。其次，本章分析了专利引用网络发展的主观影响因素，深入剖析了不同专利施引行为主体的不同引用动机与目的，以及由此产生的相应的专利引文类型差异，重点研究了不同动机的专利引文类型差异对专利引用关系分析所产生的影响。最后，结合专利引用网络主要影响因素考量，本章提出了专利引用网络主路径识别中的几个主要原则，分析了各自的优劣性与适用条件，简要归纳如表 4-5 所示。

表 4-5　专利引用网络影响因素与主路径识别原则

主路径识别原则	相关影响因素
路径连通性最大	技术创新活动持续性
路径主题相似度最高	技术创新活动持续性、选择性、引用动机
路径步数最长	技术创新活动持续性
路径时间跨度最长	技术创新活动持续性、周期性

第5章　多目标优化的专利引用网络主路径分析方法研究

5.1　多目标优化问题概述

5.1.1　多目标优化问题及相关定义

现实生活中，有很多问题都是由相互冲突并且相互影响的多个目标组成的。一个目标的性能提升往往会同时引发其他目标性能的衰退。在这种情形下，很难存在一个解可以使所有目标同时达到最优性能，只能对这些目标进行协调和折中处理，在一定条件下实现整体性能的最优化。这种将两个或者更多不可公度甚至可能相互冲突的目标在一定的约束条件下同时达到最优的过程，正是多目标优化（multi-objective optimization，MOO）。

多目标优化问题（MOP），就是寻找满足约束条件和所有目标函数的一组决策变量和相应各目标函数值的集合（Pareto 最优解集），并将其提供给决策者，由决策者根据偏好或效用函数确定可接受的各目标函数值及相应的状态。在工程应用、生产管理以及国防建设等实际问题中，多目标优化问题非常普遍也非常重要，如物流调运车辆路径问题、车间生产流水调度问题、项目投资决策问题等。因此，多目标优化问题正吸引着越来越多不同背景研究人员的关注[140]。

这里先梳理一些与 MOP 相关的术语与定义。

首先，引入多目标优化问题的定义。不失一般性，假设所考虑的优化问题的所有目标都要求最小化，这包括目标函数、决策变量和约束条件，其一般结构形式如下[141, 142]：

$$\min f_k(x_1, x_2, \cdots, x_n) \qquad (k = 1, 2, \cdots, M) \tag{5-1}$$

s.t.

$$g_m(x_1, x_2, \cdots, x_n) \geqslant 0 \qquad (m = 1, 2, \cdots, K) \tag{5-2}$$

$$h_l(x_1, x_2, \cdots, x_n) = 0 \qquad (l = 1, 2, \cdots, L) \tag{5-3}$$

$$x_i^{(L)} \leqslant x_i \leqslant x_i^{(U)} \qquad (i = 1, 2, \cdots, n) \tag{5-4}$$

式中，记 $X \subset \mathbf{R}^n$ 为决策空间，且 $x = (x_1, x_2, \cdots, x_n) \in X$，$x_i^{(L)}$ 与 $x_i^{(U)}$ 分别为变量 x_i 的上下界，定义集合 $D = \{x \mid g_m(x_1, x_2, \cdots, x_n) \geqslant 0, \ h_l(x_1, x_2, \cdots, x_n) = 0, \ x_i^{(L)} \leqslant x_i \leqslant x_i^{(U)}\}$ 为式（5-1）的可行域，显然 $D \subset X$。不失一般性，式（5-1）中的 M 个目标函数都假设要求最小化，而式（5-2）～式（5-4）则分别表示 K 个不等式约束条件、L 个等式约束条件和每个变量 x_i 需要满足的条件。

多目标优化问题中最常用的解是指 Pareto 最优解，它最早由 Edgeworth 于 1881 年提出，而后经 Pareto 进一步推广[141, 142]，其定义具体如下。

定义 1　Pareto 占优（Pareto dominance）[141, 142]：设 $f: \mathbf{R}^n \to \mathbf{R}^M, x_1, x_2 \in \Omega \subseteq \mathbf{R}^n$，当且仅当 $f(x_1)$ 部分地占优于 $f(x_2)$，即对 $\forall k \in \{1, 2, \cdots, M\}$，都有 $f_k(x_1) \leqslant f_k(x_2)$，且至少

有一个 $i \in \{1, 2, \cdots, M\}$，满足 $f_i(x_1) < f_i(x_2)$，则称个体 x_1 Pareto 占优个体 x_2，记做 $x_2 \prec x_1$。

定义 2　强 Pareto 占优（strong Pareto dominance）[141, 142]：设 $f: \mathbf{R}^n \to \mathbf{R}^M$，$x_1, x_2 \in \Omega \subseteq \mathbf{R}^n$，当且仅当对于所有的 $k \in \{1, 2, \cdots, M\}$，都有 $f_k(x_1) < f_k(x_2)$，则称个体 x_1 强 Pareto 占优个体 x_2，记做 $x_2 \prec\prec x_1$。

定义 3　弱 Pareto 占优（weak Pareto dominance）[141, 142]：设 $f: \mathbf{R}^n \to \mathbf{R}^M$，$x_1, x_2 \in \Omega \subseteq \mathbf{R}^n$，当且仅当对于所有的 $k \in \{1, 2, \cdots, M\}$，都有 $f_k(x_1) \leqslant f_k(x_2)$，则称个体 x_1 弱 Pareto 占优个体 x_2，记做 $x_2 \preccurlyeq x_1$。

定义 4　Pareto 最优解（Pareto optimality）[141, 142]：当且仅当集合 $\{x \mid x \prec x^*, x \in \Omega\} = \phi$，个体 $x^* \in \Omega$ 称为可行解集合 Ω 中的 Pareto 最优解。同理，当且仅当集合 $\{x \mid x \prec\prec x^*, x \in \Omega\} = \phi$，个体 $x^* \in \Omega$ 称为可行解集合 Ω 中的弱 Pareto 最优解。

定义 5　Pareto 最优解集（Pareto optimal set）[141, 142]：给定可行解域 Ω，则问题的 Pareto 最优解集 X^* 为 Pareto 最优解的集合，定义为：$X^* = \{x \in \Omega \mid \neg \exists x' \in \Omega, x' \prec x\}$。另外，Pareto 最优解集在目标函数空间上对应的集合称为 Pareto 前沿，记为 PF^*（图 5-1）。

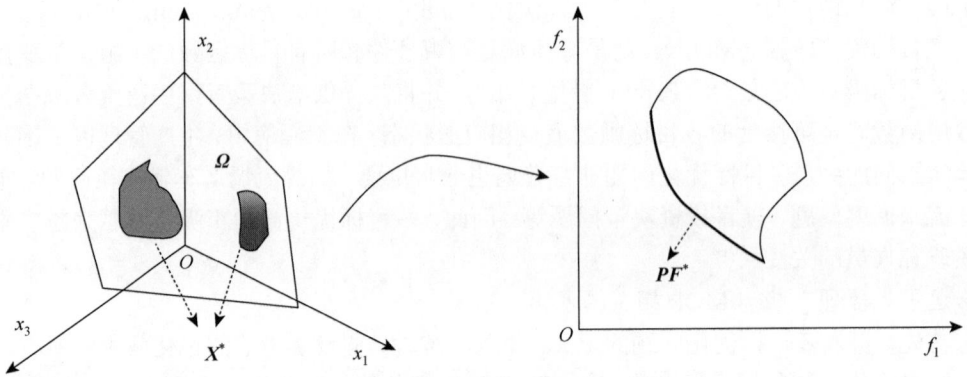

图 5-1　Pareto 最优解集和 Pareto 前沿[142]

定义 6　被占优区域（Dominated area）[141, 142]：对于个体 $x \in \Omega$，其被占优区域定义为集合 $\{x' \in \Omega \mid x \preccurlyeq x'\}$。

定义 7　占优区域（Dominating area）[141, 142]：对于个体 $x \in \Omega$，其占优区域定义为集合 $\{x' \in \Omega \mid x' \preccurlyeq x\}$。

事实上，在单目标优化问题中，由于天然存在的全序关系，可以很自然地实现对每个解的排序。但是，在多目标优化问题中，并不存在这样的天然全序关系。因此，在求解多目标优化问题时，通常需要得到一个 Pareto 最优解集（非劣解集），而非一个 Pareto 最优解。

5.1.2　多目标优化问题求解方法

5.1.2.1　多目标优化问题的传统求解方法

传统的多目标优化问题求解方法主要分为两类。

（1）线性化处理方法。将原多目标问题转换为单目标问题后，求新问题的最优解。其中，线性加权方法是这种求解思路最常采用的转换手段，由 Cohon 于 1978 年首先提出，通过对每个目标函数乘以权重系数，将一个多目标优化问题转化成一个单目标优化问题[143]。例如，在典型的旅行商问题求解中，将原问题的所有目标都变换为可量化的成本或者收益指标，从而设定新目标（单目标）为最小化成本或最大化利润；引入决策者对于各个目标的偏好程度权重系数，通过加权和的方式将原多目标问题转化为单目标问题；以及将原多目标问题中的一个目标设定为新问题的唯一目标，并将原问题中的其他目标变换为新问题的约束条件[144]。如图 5-2 所示，对目标 f_1、f_2 分别赋予相应的权重系数 w_1、w_2，通过其线性加权组合来求解二元目标空间中的每一个问题解[145]。

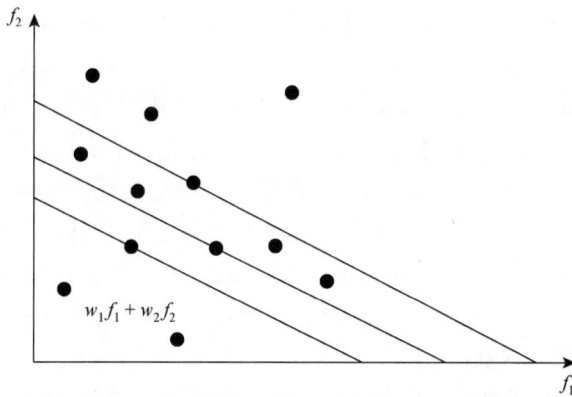

图 5-2　多目标集成方法示意：线性加权法[145]

（2）分层序列法[146]。其基本思想是把所有需要优化的目标按照一定规则给出一个序列，分为重要目标、次要目标等，每次在前一个目标的最优解集内求解得到下一个目标的最优解，然后逐步求出序列的最优解，从而得到共同的最优解。

图 5-3 列举了部分求解多目标优化问题的传统方法[147]。

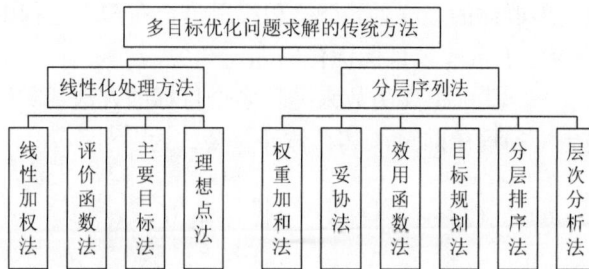

图 5-3　求解多目标优化问题的传统方法

总体而言，将多目标问题转化为单目标问题的求解方法简单方便，在多目标优化领域中有着广泛应用。但是，这类处理方法存在固有缺陷：对于线性加权法，权重系数设置具有主观任意性。对于分层排序法，如何对目标排序是关键，本质上也是一个权重的问题，都需要对所研究的问题有充分的先验知识和较为深入的了解[148]。

5.1.2.2　多目标进化算法

多目标进化算法（multi-objective evolutionary algorithms，MOEAs）是求解多目标优化问题的高效方法，其特点在于通过维持一个候选集合，在迭代过程中不断生成新的解。类比自然界中的生物进化过程，一个解称为一个个体，一个解集称为一个群体[149]。这种类似于自然选择的方法将决定当前群体中的哪些个体会在下一代群体中得以保留。多目标进化算法作为一类启发式搜索算法，通过代与代之间维持由潜在解组成的种群来实现全局搜索，这种从种群到种群的方法非常有利于搜索多目标优化问题的 Pareto 最优解集。

第一代进化多目标优化算法源于 1989 年，Goldberg 建议采用非支配排序和小生境技术来解决多目标优化问题，尽管该思想并未具体实施到进化多目标优化中，但对后续研究产生了启发意义，后续学者基于该思想提出了基于排序的适应度赋值多目标遗传算法（multiple objective genetic algorithm，MOGA）、非支配排序遗传算法（non-dominated sorting genetic algorithm，NSGA）和小生境 Pareto 遗传算法（niched Pareto genetic algorithm，NPGA）。第二代进化多目标算法诞生于 20 世纪末，以精英保留策略的引入为标志，即采用一个外部种群（相对于原来个体种群而言）来保留非占优个体，这类算法有 Pareto 浓度进化算法（strength Pareto evolutionary algorithm，SPEA）和改进后的 SPEA-II，Pareto 解存档进化策略（Pareto archived evolution strategy，PAES）和改进的 PAES 和 PAES-II，改进的非支配排序遗传算法（NSGA-II）[150]。

下面主要介绍 3 种多目标进化算法：基于权重设置的多目标优化算法、基于 Pareto 占优关系的多目标优化算法和基于 Indicator 的多目标优化算法。

1. 基于权重设置的多目标优化算法

Hajela 和 Lin 提出了一个基于权重设置的遗传算法（weighted-based genetic algorithm，WBGA）[151]，该算法是基于权重设置的搜索方法。在 WBGA 算法中，权重在搜索过程中是动态变化的，每个个体都会根据设置的权重分配一个相应的适应值。此外，适应值共享方法根据权重的设置改善群体的多样性，个体和权重组合在搜索过程中同时进化。由于简单易行，WBGA 广泛应用于求解多目标优化问题。

Eschenauer 提出了一个基于距离函数来处理多个目标的方法，该方法采用一个由决策者根据所研究的问题定义的理想向量，其具体计算公式为[152]

$$\min L_p(f) = \left[\sum_{i=1}^{n} |f_i(x) - y_i|^p\right]^{1/p} \quad (1 \leqslant p < \infty) \tag{5-5}$$

通常情况下，$p = 2$，即欧氏距离，向量 $\boldsymbol{y}$ 的每个分量是在各个目标函数上的最优值，式（5-5）中向量 $\boldsymbol{y}$ 起了非常关键的作用。随机选择的向量 $\boldsymbol{y}$ 可能导致一个非占优解。因此，决策者需要对所研究的多目标优化问题有更深入的认识，才能选择一个合适的向量 $\boldsymbol{y}$。

2. 基于 Pareto 占优关系的多目标优化算法

Pareto 样本方法是指基于 Pareto 占优关系的适应值分配方法，该方法为每一个非占优解分配一个适应值。Goldberg[153]首先根据该思想提出了基于 Pareto 占优关系的适应值计算方法，为群体中每个个体计算一个适应值。直到现在，该方法仍然在多目标优化领域普遍使用，以此为基础，相继产生了不少基于 Pareto 占优关系的适应值分配方案[141, 154]。

Horn 等提出了小生境 Pareto 遗传算法[155]，该算法采用基于 Pareto 占优关系的锦标赛淘汰方案，实现个体的选择机制。在 NPGA 中，随机选择两个个体与整个群体的一个子集进行比较。如果一个是非占优的个体，另一个是被占优的个体，非占优的个体将用于生成后代。如果两个个体都是非占优的，或者都是被占优的，则由锦标赛淘汰方案来选择哪一个个体用于生成后代。

Erickson 等进一步发展了 NPGA，提出改进的 NSGA-Ⅱ[156]。NSGA-Ⅱ采用占优关系度的方法来淘汰个体[157]，是基于 Pareto 占优关系的排序方法。在该方法中从已排序的群体中随机选择 k 个个体，如果只存在一个排序最低的个体，那么就选择该个体用于生成后代，否则就不选择任何个体。在这种情况下，一种连续更新的共享策略[158]用于计算每个个体的定位数，其中定位数最小的个体将被选择用于生成后代。

Knowles 和 Corne 提出了基于 Pareto 占优关系的 Pareto 解存档进化策略（PAES）算法[159]。该算法随机初始化一个群体，在每次迭代过程中，PAES 算法采用（1＋1）的进化策略（即一个父代个体生成一个子代个体）产生候选个体。然后，PAES 算法使用前面迭代过程中生成的个体作为参考集，实现对当前群体和候选个体的基于 Pareto 占优关系的分层排序。

此外，PAES 算法嵌入了一个可调试的网格算法以保持群体的多样性，该方法是基于 d 维目标函数空间的递归划分的群体管理方法。对每个新产生的个体，其在目标函数空间中的格位置由其目标函数值决定。与传统的定位方法相比，该方法的时间复杂度较低，而且除了需要优化的目标函数的个数，没有其他需要设置的参数。另外，（1＋1）的进化策略的 PAES 算法还有两个扩展版本：（1＋λ）的进化策略的 PAES 算法、（μ＋λ）的进化策略的 PAES 算法。

3. 基于 Indicator 的多目标优化算法

根据 Fonseca 和 Fleming 提出的思想[157]，Zitzler 等于 2004 年提出了基于 Indicator 的进化算法（indicator-based evolutionary algorithm，IBEA）[159]。该方法是将个体之间的相互占优关系通过定义一个质量指标函数将其转化为一个整体。该质量指标函数将给 Pareto 最优近似解集分配一个反映其质量的适应值。于是，多目标优化的最终目标被转变为优化这个表征 Pareto 最优解集的质量指标函数。一般情况下，这个函数值越大，表明该解集质量越高[148]。

Basseur 等于 2012 年进一步梳理了该质量指标函数，定义了二元指示器（binary indicator）I_ε 和基于超体积的指示器（hypervolume-based indicator）I_{HD}（图 5-4）。其中，二元指示器 $I_\varepsilon(x_1, x_2)$ 代表解 x_1 相对于解 x_2 的适应值情况，取值等于解 x_1 相对于解 x_2 的最优目标函数值[160]，即

$$I_\varepsilon(x_1, x_2) = \max_{i \in \{1, 2, \cdots, n\}} (f_i(x_1) - f_i(x_2)) \tag{5-6}$$

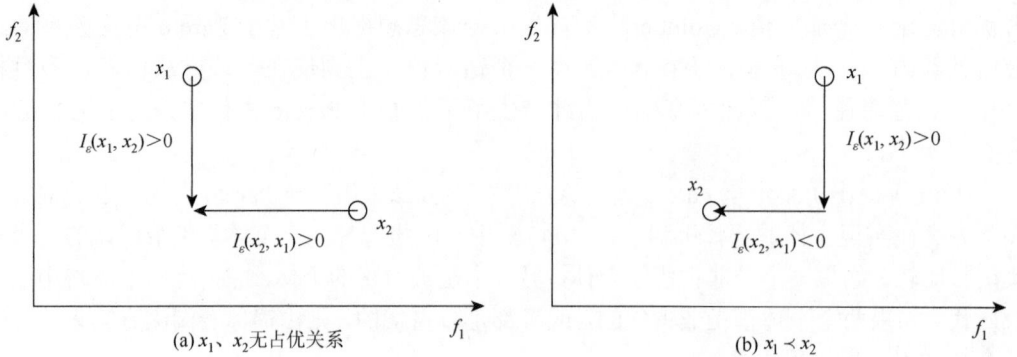

图 5-4 I_ε 指示器示意图[160]

将种群 P 中每个个体相对于种群中其他个体的二元指示器值求和，即可求得该个体在整个种群 P 中的综合适应值（fitness value），代表该个体在种群中所处的优劣程度，如式（5-7）所示[160]：

$$F(x) = I_\varepsilon(P \setminus \{x\}, x) = \sum_{z \in P \setminus \{x\}} I_\varepsilon(z, x) \tag{5-7}$$

实验结果表明，IBEA 能够有效地提高 Pareto 最优近似解集的质量，算法中采用的二元指示器简单易行，具有实用性。

5.2　多目标优化问题与专利引用网络主路径研究思路

如 3.2 节中指出的，当前专利引用网络主路径方法研究的局限在于：采用单目标评价忽视了技术演化驱动力的多元性和系统性；当前一些方法提出的所谓多主路径，本质上是在对单目标评价值的天然全序排列情况下，通过不同阈值调节后得到的多个单目标主路径，仅仅是对单目标评价值的不同满足程度的结果。

基于本书前文对主路径问题的现状及需求研究，结合多目标优化问题的特点，本书提出，利用多目标优化问题能够很好地解决传统主路径方法的局性限，实现满足多个评价目标条件下的专利引用网络多主路径分析，原因如下。

（1）在面对多个不可公度甚至可能相互冲突的技术演化驱动因素时，多目标优化思想能够很好地协调和兼顾不同方面影响因素的群组决策需要，找出充分反映技术演化的系统性、自生长、自组织、自适应性的演化主路径。

（2）基于 Pareto 最优概念的多目标进化算法，使得在多目标情形下能够得到一个 Pareto 最优近似解集，所代表的一组主路径，既包括满足整体性能最优的优化个体，也包括不同目标互不占优情形时的非劣个体。这个基于 Pareto 最优近似解集的主路径集合才是充分反映满足多样性评价目标的最优主路径的真正的"多主路径"，它与传统方法提供的基于单目标评价值全序排列下的所谓"多主路径"具有本质上的不同。

5.3　多目标优化的专利引用网络主路径分析模型的构建

问题模型一般由目标函数和约束条件两部分组成。在确定优化方法前,需要明晰该问题要实现的目标以及所受到的限制,才能针对目标进行有效的优化。

5.3.1　优化目标的选取

根据第 4 章中对专利引用网络路径演化影响因素与主路径识别原则的研究,结合技术演化路径的发展特点,本书确定了专利引用网络主路径识别的两个原则:路径的连接性重要度、路径的技术主题相似度,以反映技术创新活动的持续性、选择性、引用动机等影响因素。路径的连接性重要度是指路径中的连边被网络中所有路径所遍历的程度。路径的连接性重要度越高,反映其被网络中所有路径遍历的概率越大,对网络连通性具有重要影响,是技术流动的主路径。路径的技术主题相似度是指路径中所有专利节点对的语义相似度。路径的技术主题相似度越高,反映其越聚集于某特定技术主题,技术演化进程更具有高度相关性。由此,本书确立了两个专利引用网络主路径优化目标:路径连接性重要度总和最大、路径技术主题相似度总和最高。

5.3.1.1　专利引用网络路径连接性重要度的度量

专利引用网络路径的连接性重要度总和由路径上连边的遍历权重之和构成。连边的遍历权重则根据连边的搜索路径统计数(SPC)来计算。

SPC 算法通过计算相邻两节点之间的连边被网络中所有的路径所遍历的次数,以此来衡量该连边在网络中的重要性。本书采用了 Batagelj 定义的 SPC 算法[14]。

本优化目标是以专利引用路径上所有引用连边的遍历权重总和全局最优为搜索目标,寻找连接度最高的路径 π_k,该最优路径 π_k 起始节点为 s、终止节点为 t,如式(5-8)所示:

$$\pi_k = \sigma \circ C_{ij} \circ \tau \quad (i,j=1,2,\cdots,n; i<j) \tag{5-8}$$

式中, σ 表示从路径起始节点 s 到节点 i 的所有路径, τ 表示从节点 j 到路径终止节点 t 的所有路径。网络有向边 C_{ij} 从被引专利 i 指向施引专利 j。此处,专利引用连线方向从被引专利指向施引专利,代表技术演化的发展方向。

在专利引用网络中的所有搜索路径 π 中,有向边 C_{ij} 出现的频率 $SPC(C_{ij})$ 的计算方法为

$$SPC(C_{ij}) = N^-(i) \times N^+(j) \tag{5-9}$$

式中, $N^-(i)$ 表示路径 σ 的数目, $N^+(j)$ 表示路径 τ 的数目。

由式(5-10)计算出连边 C_{ij} 存在于网络所有路径 π 中的遍历权重值 ω_{ij}:

$$\omega_{ij} = \frac{\text{SPC}(C_{ij})}{m} = \frac{N^-(i) \times N^+(j)}{m} \tag{5-10}$$

式中，m 代表网络中所有连边数。

路径 π_k 上所有连边的遍历权重值总和就是路径 π_k 的连接性重要度总和。

5.3.1.2　专利引用网络路径技术主题相似度的度量

专利引用网络路径的技术主题相似度总和是由路径上专利的两两间技术主题相似度之和构成的。两两专利间的技术主题相似度则根据专利文献间的语义相似度来计算。

1. 基础语义单元的选择

常用的基础语义单元包括关键词、SAO 三元组、专利分类号。

关键词大多是名词或名词词组，语义信息较弱，难以准确反映专利技术内容要件之间的关系信息。SAO 三元组具有语义表示能力丰富、结构简单、抽取技术成熟等优点，基于 SAO 三元组的专利技术挖掘现已成为研究的热点[161]，但利用关系抽取软件直接抽取出来的原始 SAO 三元组数量庞大、表达不规范，在使用前需要进行大量的术语清洗，且清洗效果直接决定了后续语义表达的质量。专利分类号以分类树的形式对专利技术信息进行组织，可以帮助有效整理、组织专利文献，合理划分专利的技术范围[162]。国际专利分类 IPC 系统由世界知识产权组织（World Intellectual Property Organization，WIPO）负责编制、发布，被全球大多数专利组织采用，使各国的专利文献被赋予了统一的技术分类。IPC 系统采用层级结构的分类形式，将技术内容分解为部（section）—大类（class）—小类（subclass）—大组（main group）—小组（subgroup）五个层级，逐级形成完整的分类体系，利用上下位层次结构反映概念之间的语义关系。如表 5-1 所示，以分类号"C01B3/04"为例，展示了 IPC 分类体系具体层级组织结构及其代表的技术内容和关系[163]。

表 5-1　IPC 分类号"C01B3/04"的组织结构及技术内容

IPC 层级	IPC 代码	技术内容
部 （section）	C	化学；冶金
大类 （class）	C01	无机化学
小类 （subclass）	C01B	非金属元素；其化合物
大组 （main group）	C01B3/00	氢；含氢混合气；从含氢混合气中分离氢；氢的净化
小组 （subgroup）	C01B3/04	用无机化合物生产氢或含氢混合气（如氨的分解）

相比之下，尽管 IPC 分类体系对技术内容的描述相对而言较宽泛，反映语义信息不如

SAO 三元组精细，但 IPC 分类体系具有权威性、规范性、国际通用性，利用效率高。因此，本书选用专利文献的 IPC 分类号作为基础语义单元，用来表征专利文献的技术主题特征。

2. 技术主题相似度的计算

本书采用每篇专利文献被赋予的 IPC 分类小组号作为该篇专利文献的语义特征项，则每篇专利文献可被表示为基于 IPC 分类小组号的主题向量空间集合。由于 IPC 小组号颗粒度较细，影响主题相似度聚类效果，因此将专利文献特征项统一到 4 位 IPC 小类号层级，以某 IPC 小类号在某专利文献中出现的频次作为该 IPC 小类号在该专利文献中的语义特征项权重。由此，每篇专利文献的技术主题可被表示成为 IPC 分类号的权重向量空间模型。

例如，专利文献 i 的技术主题 DOC_i 可表示为

$$\mathrm{DOC}_i = (f_{i1} \cdot \mathrm{IPC}_{i1}, \cdots, f_{ik} \cdot \mathrm{IPC}_{ik}, \cdots, f_{in} \cdot \mathrm{IPC}_{in}) \tag{5-11}$$

式中，f_{ik} 是第 k 个 IPC 特征项在专利文献 i 中出现的频次。

进一步地，建立起专利文献集与 IPC 特征项的关联矩阵。该关联矩阵不是进行简单的存在与否判断来形成的 0-1 邻接矩阵，而是结合了分类号在专利文献中的分布频次建立的关联度加权矩阵。

接下来，基于专利文献集与 IPC 特征项关联矩阵，进一步计算这些专利文献两两之间基于 IPC 特征项的技术主题相似度。在机器学习中，欧氏距离（Euclidean distance）与余弦距离都可以用来计算相似度，但是二者各自的计算方式和量化特征不同，分别适用于不同的数据分析模型：欧氏距离更能体现个体数值特征的绝对差异，所以更多地用于需要从维度的数值中体现差异的分析；余弦距离更多是从方向上区分差异，对绝对数值不甚敏感，因而更多地用于用内容区分相似度和差异，同时修正度量标准的不统一。

本书主要基于 IPC 特征项频次加权建立的向量空间集合，为能更灵敏地反映特征项加权对文献间主题关联的作用，因此采用欧氏距离计算模型，计算每两篇专利文献之间的欧氏距离，以此来反映专利文献间的技术主题相似度。

欧氏距离也称欧几里得距离，它是一个通常采用的距离定义，表示在 m 维空间中两个点之间的真实距离。在二维空间中，两点的欧氏距离计算公式为

$$d = \sqrt{(x_1 - x_2)^2 + (y_1 - y_2)^2}, |\boldsymbol{x}| = \sqrt{x_2 + y_2} \tag{5-12}$$

在三维空间中，两点的欧氏距离计算公式为

$$d = \sqrt{(x_1 - x_2)^2 + (y_1 - y_2)^2 + (z_1 - z_2)^2}, |\boldsymbol{x}| = \sqrt{x_2 + y_2 + z_2} \tag{5-13}$$

推广到 n 维空间中，n 维欧氏空间是一个点集，它的每个点 X 或向量 $\boldsymbol{x}$ 可以表示为 $(x_1, x_2, \cdots, x_n)$，其中 $x_i (i = 1, 2, \cdots, n)$ 是实数，称为点 X 的第 i 个坐标，则 n 维空间中，两个点 $P = (p_1, p_2, \cdots, p_n)$ 和 $Q = (q_1, q_2, \cdots, q_n)$ 之间的欧氏距离 $d(P,Q)$ 定义如式（5-14）：

$$d(P,Q) = \sqrt{\sum_{i=1}^{n} (p_i - q_i)^2} \tag{5-14}$$

欧氏距离越小，表示对象越相似。由于欧氏距离取值范围较大，因此需对专利文献 P、

Q 间的欧氏距离计算结果进行归一化处理，求得取值在[0,1]的专利文献技术主题相似度 $sim(P,Q)$，归一化方法如式（5-15）所示：

$$sim(P,Q) = 1/[1 + d(P,Q)] \tag{5-15}$$

则路径 π_k 上所有专利节点的两两间技术主题相似度总和，即是路径 π_k 的技术主题相似度总和。

5.3.2　模型的约束条件

根据第 4 章对专利引用网络主路径影响因素的剖析，针对 5.3.1 节中选取的两个优化目标，本书分别提出了两个明确的约束条件：第 1 个约束条件为专利技术生命周期条件，对路径连接性重要度目标产生约束；第 2 个约束条件为引用动机条件，对专利技术主题相似度目标产生约束。本节研究两个约束条件分别对两个优化目标所产生的影响关系。

5.3.2.1　专利技术生命周期对路径连接性重要度的影响

在 4.1.3 节技术创新活动的周期性研究中，以石墨烯传感技术领域为例，通过真实的专利引用网络实验，证实了专利引用频次的发展趋势特征与技术成熟度模型高度拟合[135]。因此，位于引用链路中不同位置的专利节点分别处于领域技术生命周期的不同阶段，它们对后续施引专利所具有的价值和影响力程度是不同的，由此形成的相应的引用连边对于引用网络路径的重要性也是不同的。故而，在度量专利引用网络主路径的连接性时，不应平等对待不同年龄的专利文献之间的引用关系，而应充分考虑技术生命周期因素的影响，有效区分被引专利技术在处于生长期、成熟期或老化期时对引用网络路径重要性的不同影响。

因此，本书对于路径连接性重要度优化目标，考虑了专利技术生命周期条件对其产生的约束作用。根据 4.1.3 节中基于专利引用真实网络的实证研究结论，本书引入 Logistic 模型来测度专利技术生命周期的动态演化趋势，拟合出专利技术的成熟率，用以修正专利引用网络连边的遍历权重值，以反映伴随专利技术（产品）的成长过程对专利引用网络路径形成所产生的动态影响，从而将研究对象由静态网络的特定拓扑结构转换成动态网络的不断演化的结构。

拟合函数如式（5-16）所示：

$$G(\Delta t) = \frac{L}{1 + a \cdot e^{-b \times \Delta t}} \tag{5-16}$$

式中，$G(\Delta t)$ 代表专利文献自申请年起 Δt 年后的被引频次；L、a、b 为常数，其值随不同的技术领域而异，b 是专利技术成熟度指数。如果以专利年龄为横坐标轴，当前累计被引频次为纵坐标轴，可绘制一条 Logistic 生长曲线，直观地反映专利技术成熟度的生命周期。获取观测年度的专利累计被引量及其年龄作为观测值，可采用最小二乘估计法求得专利技术成熟度指数 b。

进一步地，被引专利文献 i 与施引专利文献 j 的引用关系连边 C_{ij} 的连接性重要度的技术生命周期修正系数 O_{ij} 为

$$O_{ij} = \frac{1}{1 + e^{-b \times (T_j - T_i)}} \quad (i, j = 1, 2, \cdots, n; i < j) \tag{5-17}$$

式中，T_i、T_j 分别为专利文献 i、j 的申请年。

5.3.2.2　专利引用动机对路径技术主题相似度的影响

正如 4.2 节的研究表明，不同施引主体的专利引用行为具有不同的倾向性。发明人的引用动机在受到专利法规约束的同时，往往还具有更复杂的主观倾向性，包括主观上刻意回避与自身发明相关或相似的技术，倾向于引用其他技术存在的缺陷等。因此，在揭示专利技术内容相关性与传承性的程度方面，不同类型的专利引用动机所产生的专利引用关系具有明显的差异性与不确定性，从而对专利引用网络路径的技术主题相似度造成影响。

因此，本书对于路径技术主题相似度优化目标，考虑了专利引用动机条件对其产生的约束作用。

李睿的研究区分了审查员施引、发明人自引、发明人他引等 3 种行为动机，辨析了 3 种类型专利引文揭示科学-技术关联的程度差异，认为就反映科学-技术的关联程度而言，3 类专利引文的排序由高至低依次是：发明人自引信息、审查员引用信息、发明人他引信息，在此基础上，依据序关系-权重转换原理，对 3 类专利引文进行了差异赋权[139]。

本书采用专利引用对之间的技术主题相似度作为路径搜索的启发策略之一，正是基于专利引用关系能够反映施引专利与被引专利之间的技术关联性与继承性。因此，李睿上述研究中指出的发明人自引信息、审查员引用信息、发明人他引信息等 3 类引文信息在揭示科学-技术关联程度方面的差异在本书中同样存在，并且会对主路径搜索结果产生影响。

故而，本书借鉴上述研究，引入李睿基于序关系-权重转换的 3 种类型专利引文差异赋权研究结果，作为专利引用网络中审查员施引、发明人自引、发明人他引 3 种类型的专利引用关系的引用动机差异赋权，以此对专利引用网络连边的技术主题相似度进行修正，反映引用动机对技术演化的继承性与相关性程度的影响，增强搜索结果的客观性。参考李睿的研究结果，本书对引用动机类型修正系数 r_{ij} 的设定为[139]：

$$r_{ij} = \begin{cases} 0.497 & (\text{发明人自引关系}) \\ 0.298 & (\text{审查员引用关系}) \\ 0.199 & (\text{发明人他引关系}) \end{cases} \tag{5-18}$$

5.3.3　优化目标函数

本节从 5.3.1 节所述的两个有时可能处于冲突状态的路径搜索目标出发，在 5.3.2 节设定的相应的约束条件下，借鉴工程和优化设计中的多目标优化问题，寻找专利引用网络主路径的最优解集。对两个搜索目标的优化函数设计如下。

5.3.3.1 连接性重要度的优化目标函数

本优化目标是以路径的连接性重要度总和全局最大为搜索目标,寻找专利引用网络中连接性重要度最大的路径 π_k。

专利引用网络路径的连接性重要度总和由路径上连边的遍历权重之和构成,而连边的遍历权重则根据连边的搜索路径统计数（SPC）来计算（5.3.1.1 节）。在此基础上引入技术生命周期模型约束,修正专利技术成熟度对路径连接性重要度造成的影响,也消除了早期专利技术因"先动优势"带来的高被引概率对路径连接性重要度的影响。同时,技术生命周期模型的引入还使研究对象由一个静态的专利引用关系网络变成了一个含时、含权的技术发展动态演化网络,使路径搜索算法框架反映出专利引用网络路径形成过程的动态特点。

所以,对于路径 π_k,共有节点 n,则 π_k 的路径连接性重要度的优化目标 $f_1(x)$ 的数学模型表示如式（5-19）～式（5-23）所示:

$$\max f_1(\pi_k) = \sum_{i=1}^{n-1} \sum_{j=2}^{n} \Omega_{ij}, \quad [j = i+1; \forall \pi_k \in \Pi(k = 1, 2, \cdots, m)] \tag{5-19}$$

s.t.

$$\Omega_{ij} = O_{ij} \times \omega_{ij} \tag{5-20}$$

$$\omega_{ij} = \frac{\text{SPC}(C_{ij})}{m} = \frac{N^-(i) \times N^+(j)}{m} \tag{5-21}$$

$$O_{ij} = \frac{1}{1 + e^{-b \times (T_j - T_i)}}, \quad (i, j = 1, 2, \cdots, n; i < j) \tag{5-22}$$

$$G(\Delta t) = \frac{L}{1 + a \cdot e^{-b \times \Delta t}} \tag{5-23}$$

目标函数式（5-19）要求专利引用网络主路径的遍历权重总和为全局最大;式（5-20）表示将实际的连边连接性重要度 ω_{ij} 通过一个反映专利技术生命周期的修正系数 O_{ij} 来得到新的连边连接性重要度 Ω_{ij};式（5-21）表示修正前实际的连边连接性重要度 ω_{ij} 的计算依据;式（5-22）表示专利技术生命周期修正系数约束;式（5-23）表示专利技术生命周期模型约束。

5.3.3.2 技术主题相似度的优化目标函数

本优化目标是以路径上所有专利的技术主题相似度总和全局最优为搜索目标,寻找专利引用网络中技术主题相似度最高的路径 π_k。

专利引用网络路径的技术主题相似度总和由路径上的所有专利节点的两两间技术主题相似度之和构成。专利两两间的技术主题相似度则根据专利文献间的语义相似度来计算（5.3.1.2 节）。并且,通过引入专利引用关系类型修正系数约束,修正不同专利引用动机对引用网络连边技术主题相似度的噪声干扰,克服引用动机对技术内容继承性与相关性的影响,增强搜索结果客观性。

所以,对于路径 π_k,共有节点 n,则 π_k 的技术主题相似度的优化目标 $f_2(x)$ 的数学模型表示如式(5-24)～式(5-29)所示:

$$\max f_2(\pi_k) = \sum_{i=1}^{n-1}\sum_{j=2}^{n} S_{ij} \qquad [i<j;\forall \pi_k \in \Pi (k=1,2,\cdots,m)] \tag{5-24}$$

s.t.

$$S_{ij} = \mathrm{sim}_{ij} \times r_{ij} \tag{5-25}$$

$$\mathrm{sim}_{ij} = 1/[1+\mathrm{dist}(i,j)] \tag{5-26}$$

$$\mathrm{dist}(i,j) = \sqrt{\sum_{x=1}^{n}(f_{ix}\cdot \mathrm{IPC}_{ix} - f_{jx}\cdot \mathrm{IPC}_{jx})^2} \tag{5-27}$$

$$\mathrm{DOC}_i = (f_{i1}\cdot \mathrm{IPC}_{i1},\cdots,f_{ik}\cdot \mathrm{IPC}_{ik},\cdots,f_{in}\cdot \mathrm{IPC}_{in}) \tag{5-28}$$

$$r_{ij} = \begin{cases} 0.497 & (\text{发明人自引关系}) \\ 0.298 & (\text{审查员引用关系}) \\ 0.199 & (\text{发明人他引关系}) \end{cases} \tag{5-29}$$

目标函数式(5-24)要求专利引用网络主路径的技术主题相似度总和为全局最高;式(5-25)表示将专利文档 i、j 实际的技术主题相似度 sim_{ij} 通过一个反映专利引用关系类型的修正系数 r_{ij} 来得到新的技术主题相似度 S_{ij};式(5-26)表示修正前的专利文档 i、j 的实际技术主题相似度 sim_{ij} 是基于专利文档 i、j 的距离函数 $\mathrm{dist}(i,j)$ 归一化处理所得;式(5-27)表示专利文档 i、j 的距离函数 $\mathrm{dist}(i,j)$ 是通过专利文档 i、j 的欧氏距离来计算;式(5-28)表示将专利文档表示为一系列 IPC 特征项的权重向量分布;式(5-29)表示专利引用关系类型修正系数约束。

5.3.4　专利引用网络主路径优化的多目标表示

对于主路径 π_k,第 m 个目标的评价值为

$$G_m(\pi_k), \quad k \in \{1,2,\cdots,n\} \tag{5-30}$$

由以上定义可知,专利引用网络主路径的多目标优化为

$$\mathrm{optimize} G(\pi_k) = (G_1(\pi_k),G_2(\pi_k),\cdots,G_m(\pi_k)) = z^k \in Z \tag{5-31}$$

式中,$z^k = (z_1^k,z_2^k,\cdots,z_m^k)$ 代表路径 π_k 的多目标评价,即

$$G_m(\pi_k) = z_m^k, \quad k \in \{1,2,\cdots,n\} \tag{5-32}$$

式中,Z 表示由所有路径多目标评价组成的多目标备选方案集合。

5.4　多目标优化的专利引用网络主路径分析模型的求解

5.4.1　专利引用网络有向图的构建

将专利引用网络表示为有向图 $G(V, E)$，其中，V 表示引用网络中的文献集合，E 表示引用关系集合。每篇独立的专利文献表示为图中的一个节点，文献之间的引用关系表示为一条有向边，没有环路。有向边从被引专利指向施引专利，代表技术演化的前进方向。

如图 5-5 所示，对专利引用网络 G 的相关定义如下。

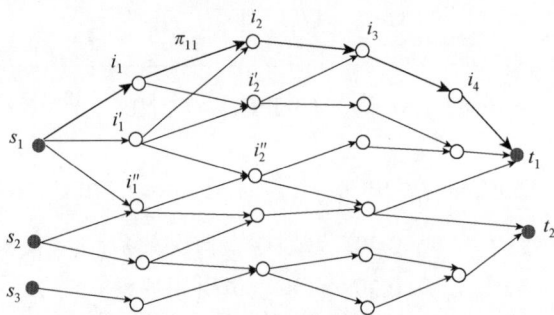

图 5-5　专利引用网络示意图

源点（source）：当且仅当某专利文献仅被其他专利文献引用而且不援引其他专利文献时，该专利文献节点是专利引用网络中的源点，如图 5-5 中的 s_1、s_2、s_3。

源点集（source set）：专利引用网络中的所有源点的集合，如图 5-5 中，源点集为 $\{S\} = \{s_1, s_2, s_3\}$。

汇点（sink）：当且仅当某专利文献引用其他专利文献但不被其他专利文献引用时，该专利文献节点是专利引用网络中的汇点，如图 5-5 中的 t_1、t_2。

汇点集（sink set）：专利引用网络中的所有汇点的集合，如图 5-5 中，汇点集为 $\{T\} = \{t_1, t_2\}$。

路径（path）：在专利引用网络中，从源点出发，途径一系列引用和节点序列到达汇点，即形成一条专利引用路径。将图 5-5 中存在的所有路径记为 Π，则有：

$$\Pi = \{\pi_k \mid k = 1, 2, \cdots, g\} \tag{5-33}$$

式中，如路径 π_{11} 表示为：$s_1 \rightarrow i_1 \rightarrow i_2 \rightarrow i_3 \rightarrow i_4 \rightarrow t_1$。

5.4.2　基于超体积指标函数方法的多目标局部搜索算法

5.4.2.1　算法基本框架

本书采用基于超体积指标函数方法的多目标局部搜索算法，以求解专利引用网络主路径优化问题。算法的基本框架如下。

输入：专利引用网络，种群规模 P，迭代次数 T

输出：Pareto 最优近似解集 A

01：Pop = $\{x_1, x_2, \cdots, x_p\}$←随机产生群体（$P$）

02：A←找出群体中的非占优个体

03：Fitness(x_i)←为群体中每个个体分配适应值 Hyp(x, P)，（$i = 1, \cdots, P$–1）

04：Local Search（x_i）←对群体中每个个体进行局部搜索，（$i = 1, \cdots, P$–1）

05：**Repeat**

06：　　x^*←随机选择邻域（x_i）

07：　　Fitness(x^*)←计算个体 x^* 的适应值 Hyp(x^*, P)

08：　　Fitness(x_i)←更新群体中适应值受到影响的非占优个体的适应值

09：　　w←找出群体中适应值最小的个体

10：　　从群体中淘汰适应值最小的个体

11：　　更新群体中适应值受到影响的非占优个体的适应值

12：**Until** 遍历群体中所有个体

13：A←更新 Pareto 最优近似解集

　　如算法基本框架所示，首先，随机产生一个初始化群体，由 N 个个体构成，每个个体是一个采用初始串结构数据形式表示的随机路径。然后，采用超体积指标（hypervolume-indicator）函数为群体中的每个个体分配一个反映其质量优劣的适应值。接下来，在局部搜索过程中，根据适应值的大小不断更新群体，逐步提高群体的质量，从而产生一个质量较高的 Pareto 最优近似解集。

5.4.2.2　基于超体积指标函数的适应值分配

　　为了方便实现多目标局部搜索，算法基本框架采用了超体积指标函数为群体中的每个个体分配一个适应值。具体来说，根据个体之间相互占优关系，把初始群体中的所有个体分为两个集合：非占优集（non-dominated set）和被占优集（dominated set）。

　　对于被占优集中的每个个体，在非占优集里找出所有占优的个体（至少存在一个），然后分别计算相对于被占优集个体的优势，从中选择相对优势最大的那个。如图 5-6 所示，由于个体 x 被三个非占优解占优，其中个体 y 与个体 x 的相对优势最大。因此，计算相对优势最大的那一部分（图 5-6 中阴影部分）的面积，由于个体 x 属于被占优集，即赋予这部分面积的负值，该值就是个体 x 的适应值[164]。

　　对于非占优集里面的每个个体，把只属于该个体且不属于群体中其他任何非占优个体的那部分超体积作为该个体的超体积适应值。如图 5-7 所示，图中阴影部分的面积为非占优个体 x 的超体积适应值[164]。由于个体 x 属于非占优集且对整个群体的超体积有贡献，该个体的适应值为正值。

　　个体 x 的超体积适应值的计算公式如式（5-34）所示[164]。

$$HC(x, P) = \begin{cases} -[f_1(x) - f_1(y)] \times [f_2(x) - f_2(y)], & x \text{属被占优集} \\ [f_1(y_1) - f_1(x)] \times [f_2(y_0) - f_2(x)], & x \text{属非占优集} \end{cases} \quad (5\text{-}34)$$

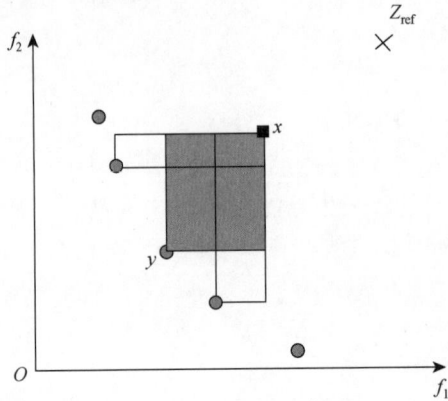

图 5-6　被占优个体的超体积适应值的分配（Z_{ref} 为参考点）

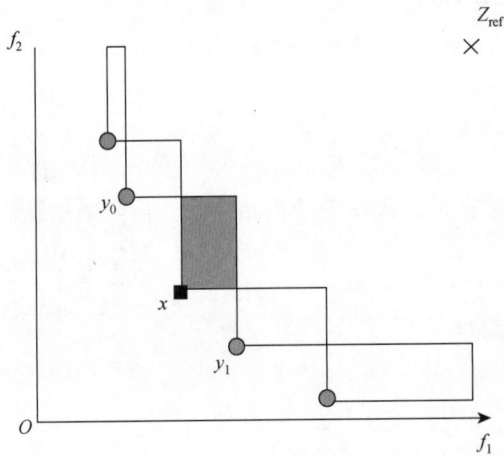

图 5-7　非占优个体的超体积适应值的分配（Z_{ref} 为参考点）

5.4.2.3　群体适应值的更新

在完成初始群体的适应值分配后，需要在搜索过程中对群体中的个体不断更新，以提高群体质量，群体更新的标准是淘汰适应值最小的个体。如图 5-8 所示，红色的点表示属于非占优集的个体，蓝色的点表示属于被占优解集的个体，黑色的点表示新加入群体的个体 x，即个体 x 表示从邻域中得到的个体。由于个体 x 属于被占优集，从群体中淘汰适应值最小的个体，群体中其他个体的适应值保持不变。

当个体 x 属于非劣解集，如图 5-9 所示，在二维平面上，对个体 x 来说仅有两个非劣解区域，可以很快找出在非劣解集中受影响的两个个体 y_0 和 y_1。个体 x 的超体积适应值即为红色部分的面积大小。个体 y_0 和 y_1 的适应值因为个体 x 的加入而变小，即减去图中灰色部分的面积。个体 y_0 和 y_1 的超体积适应值计算方法分别如式（5-35）与式（5-36）所示[164]。

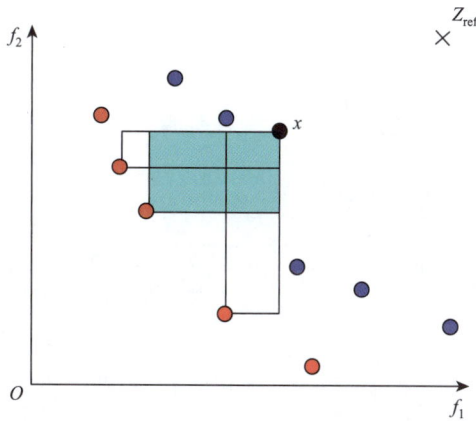

图 5-8　被占优个体的超体积适应值的更新[145]（Z_{ref} 为参考点）

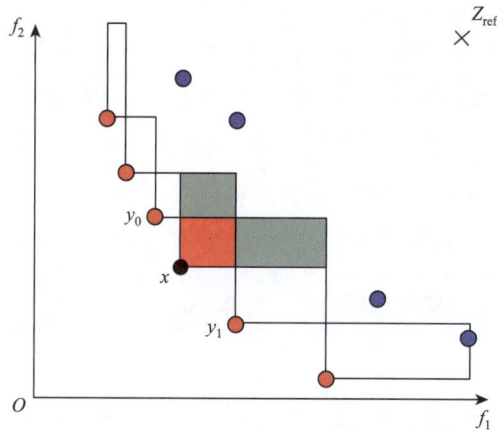

图 5-9　非占优个体的超体积适应值的更新[145]（Z_{ref} 为参考点）

$$HC(y_0,P) = HC(y_0, P \setminus \{x\}) \times \frac{f_1(x)-f_1(y_0)}{f_1(y_1)-f_1(y_0)} \tag{5-35}$$

$$HC(y_1,P) = HC(y_1, P \setminus \{x\}) \times \frac{f_2(x)-f_2(y_1)}{f_2(y_0)-f_2(y_1)} \tag{5-36}$$

同样，从群体中淘汰适应值最小的个体。

如此不断循环，直到群体中的每个个体的邻域都被遍历，整个群体在这个局部搜索过程中不断更新。通过该局部搜索过程，逐步提高了整个群体的质量，并最终产生一个质量较高的 Pareto 最优近似解集。

图 5-10 是多目标优化局部搜索算法流程图。

专利引用网络是有向网络，尽管矩阵维数较大，但网络存在多对源点和汇点，较为稀疏，且每个点对邻域规模不大，因此邻域搜索速度较快。并且，每次是固定一对源点和汇点搜索路径，因此本算法具有较好的迭代性能，收敛速度快，时间复杂度低，算法稳定高效。

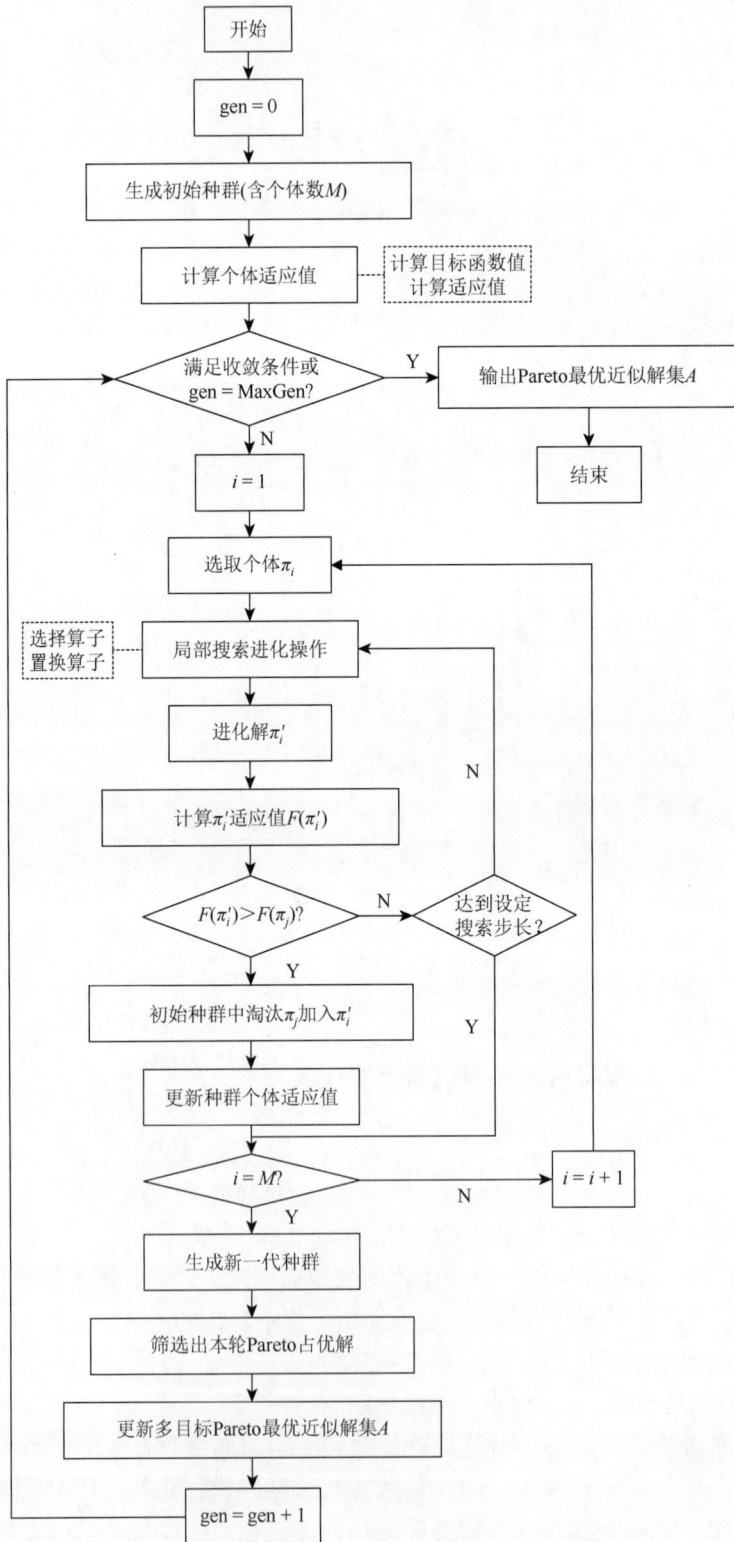

图 5-10　迭代型多目标优化局部搜索算法流程图

5.5　本章小结

　　本章对多目标优化问题的基本概念和相关定义进行了介绍,对常用的多目标优化问题求解方法进行了简要的梳理,包括传统的求解方法、进化算法。基于第 3 章对主路径问题的特点剖析,本章将多目标优化问题应用于专利引用网络主路径方法研究,研究同时最大化两个目标的专利引用网络主路径分析问题。实施步骤分为 3 步。①根据专利引用网络特点及其影响因素,确立了模型建立依据,确定了主路径的两个优化目标函数:对于路径连接性重要度,采用路径连边的搜索路径统计数来度量;对于路径技术主题相似度,采用路径中专利节点基于 IPC 特征项的技术主题相似度来度量。②分别研究了两个优化目标函数的约束条件:专利技术生命周期模型约束,用以约束路径的连接性重要度目标;专利引用动机类型约束,用以约束路径的技术主题相似度目标。③基于上述优化目标函数与约束条件研究,本章建立了专利引用网络主路径多目标优化问题的数学模型。

　　本章还采用了基于超体积指标函数方法的多目标局部搜索算法,对所构建的专利引用网络主路径多目标优化问题数学模型进行求解。算法的选择是基于计算效率、可操作性、结果冗余性等因素的综合考虑。本章设计了算法的基本框架、路径搜索机制、采用超体积指标函数方法的问题解的适应值分配策略、解集的筛选与更新机制,从而实现了基于超体积指标函数方法的多目标路径评价和排序、多目标路径搜索。该算法具有稳定、高效的特点,能够在合理的时间内输出一个质量较高的 Pareto 最优近似解集。

第 6 章　石墨烯传感技术专利引用网络主路径研究

本章以石墨烯传感技术的相关专利引用活动为研究对象，建立真实的专利引用网络，应用本书构建的多目标优化专利引用网络主路径分析方法开展实证研究。由于得到的结果路径长度略长且主路径构成组分更多，在研究路径的衍生特性方面具有相对优势，且计算的时间复杂度较经济，SPC 方法已被现有许多研究推荐为优先算法[14, 17, 19]，在经典的社交网络分析软件 Pajek 与 Ucinet 中都内置有相应计算功能。因此，本章以 SPC 方法作为实验对照，分别采用 SPC 主路径方法、本书构建的多目标优化主路径方法，获取两种方法的专利引用网络主路径；在领域知识专家协助下，对比研究两种方法主路径结果的特征差异。

6.1　研究对象选择

关于石墨烯的理论研究始于 1947 年，Philip Wallace 最早对单层石墨的电子结构进行了研究。1956 年，McClure 计算得到石墨烯的波函数。1966 年，Mermin-Wangner 理论被提出，证明了二维晶体会自发形成表面带有起伏的三维结构，打破了 Landau 和 Peierls 提出的二维晶体因热力学不稳定而不存在的理论束缚，为石墨烯制备的可能性提供了理论基础。自开始研究石墨烯基础理论起，科学家从未放弃过制备石墨烯的尝试。直到 2004 年，英国曼彻斯特大学的物理学家 Andre Geim 和 Konstantin Novoselov 在实验中通过机械剥离法得到了单层石墨结构，即石墨烯。此后，石墨烯进入了理论、实验以及产业化的高速发展期。石墨烯是目前发现的最薄、强度最大、导电和导热性能最强的一种新型纳米材料。由于结构独特，集优异的电学、力学、光学、化学、热学等特性于一体，石墨烯被认为是形成纳米尺寸晶体管和电路的"后硅时代"的新潜力材料，被称为"黑金"，是"新材料之王"，潜在应用领域包括高速晶体管、光学调制器、（柔性）透明电极、印刷电子、新型复合材料、超灵敏传感器、新型催化剂、基因测序、储能装置等[165]。科学家甚至预言"石墨烯将彻底改变 21 世纪"，极有可能掀起一场席卷全球的颠覆性的新技术新产业革命[166]。

美国在全球率先将石墨烯技术的研究上升为国家发展战略。美国国家科学基金会（National Science Foundation，NSF）、美国能源部（Department of Energy，DOE）、美国国防部高级研究计划署（Defense Advanced Research Projects Agency，DARPA）等机构纷纷为相关研发提供资助[167]。除了国防与科研上的支持，美国还开展了石墨烯产业化方面的支持。美国的石墨烯产业呈现多元化，已形成相对完整的石墨烯研究—石墨烯生产—石墨烯应用的产业链条[168]。欧盟同样非常注重石墨烯的研究发展，欧洲研究理事会（European Research Council，ERC）、欧洲科学基金会（European Science Foundation，ESF）、欧盟第七科技框架计划（7th Framework Programme，FP7）等都资助了石墨烯相关技术的研究，自 2007 年以来投入了数千万欧元资助研究。2013 年 1 月，欧盟将石墨烯列为"未来新兴技术旗舰项目"，目标是"将这一最具前景的材料应用到现实中"。欧盟各国政府以及基金机构也十分重视石墨烯的研究。欧盟还拥有一些专业化的石墨烯研发生产企业。自 2007 年起，日本、韩国也都有大量的研发投入。日本科学技术振兴机构、日本新能源技术综合开发机构、日本经济产业省、韩国教育科学技术部、韩国原知识经济部、韩国产业通商资源部、韩国教育科学技术部、韩国贸易工业和能源部等都先后进行了大量研发部署[169]。

在我国，石墨烯技术是《国家中长期科学和技术发展规划纲要（2006—2020）》确定的重点领域，符合国家产业、环保和能源政策支持的领域，科技部已通过 973 项目等形式支持石墨烯领域研发。2014 年 10 月，国家发展和改革委员会、财政部、工业和信息化部会同科技部、中国科学院、中国工程院、国家知识产权局等部门和单位联合制定的《关键材料升级换代工程实施方案》提出，到 2016 年推动包含石墨烯在内的 20 种重点新材料实现批量稳定生产和规模应用。2015 年，国务院印发的《中国制造 2025》（国发〔2015〕28 号）明确提出高度关注包括石墨烯在内的战略前沿材料提前布局和研制，加快研发气相沉积、高效合成等新材料制备关键技术和装备，加强基础研究和体系建设，突破产业化制备瓶颈[168]。

目前，石墨烯已成为物理学界与材料科学界最热门的研究主题之一，各国纷纷将石墨烯技术作为长期战略发展方向，专利申请活跃，对专利活动特点的分析研究也受到关注。由于石墨烯技术在诸多领域具有应用潜能，目前石墨烯应用相关专利已涉及电子器件、能源、光电器件、材料、化学、生物医用等 6 个主要领域[170]。因此，石墨烯领域相关专利的引用关系能够较好地反映该技术随时间与应用演化和扩散的信息。

鉴于实证研究的数据计算能力，本章聚焦石墨烯的重要特性——超灵敏传导性。石墨烯具有极高的电导率、热导率及出色的机械强度，是制作高灵敏度传感器的上佳材料。本章以石墨烯传感技术相关专利的引用活动为例，建立专利引用网络，分别应用 SPC 主路径方法、本书所构建的多目标优化主路径方法，获取两种方法的专利引用网络主路径，开展对比研究。

6.2　实证数据采集

6.2.1　数据源选取

本章实证分析以科睿唯安（Clarivate Analytics，原汤森路透知识产权与科技事业部）的德温特创新平台（DI）作为专利数据检索源。DI 是全球领先的知识产权检索、分析和管理平台。DI 拥有全面的数据源，整合了全球 90 多个国家或地区专利授予机构的专利数据，对其中接近 50 家专利机构的专利数据进行人工编辑和改写，不但利于检索，还有助于分析专利文本之间以及专利与其他文献之间的相互渗透关系。内嵌的专利地图分析功能可以宏观呈现整个技术领域的布局、不同国家/机构间的技术侧重以及不同时期的技术分布等。DI 分别提供了主要国家/地区专利授予机构的申请、授权文件分类检索入口，为检索提供了非常便利的条件[171]。

6.2.2 数据采集策略制定

本章实证分析采取下述思路构造分析对象数据集:①在领域知识专家协助下,确定一批与石墨烯传感技术主题高度相关的"种子"专利,建立石墨烯传感技术"种子"专利集合;②提取各"种子"专利的前向、后向引用关系,采集被这些"种子"专利所引用的在先被引专利、引用了这些"种子"专利的在后施引专利;③将"种子"专利、被引专利、施引专利合并,构成数据样本集合。

石墨烯专利技术最早出现于2000年,2004年制备技术获得了重大突破。考虑到专利技术自申请日至公布日之间存在一定时滞、在先专利公布之后被在后专利技术引用需要一定的技术与市场扩散过程、在后施引行为的发生日至公布日也存在时滞等情况,本实证分析将"种子"专利的申请年检索范围限定为2000~2011年,以保障分析样本能够反映更丰富的专利引用信息。

此外,为避免不同国家(组织)关于专利申请、授权的司法制度差异会对数据分析研究结果造成干扰,本章实证分析将研究对象数据限定为在美国申请并获得授权的专利。

数据检索策略如附表1所示。

6.2.3 数据样本集确立

根据附表1所示检索策略,共获得检索结果149件,经判读内容相关性,从中筛选出美国专利102件,作为本章实证研究的"种子"专利。

检索提取该102件"种子"专利的在先被引美国专利,共计1972件。

检索提取引用该102件"种子"专利的在后施引美国专利,共计145件。

合并"种子"专利、在先被引专利、在后施引专利,一共得到2154件美国专利,作为本章实证研究的数据分析样本集。

数据采集日:2016年10月8日。

研究样本数据集构建示意图如图6-1所示。

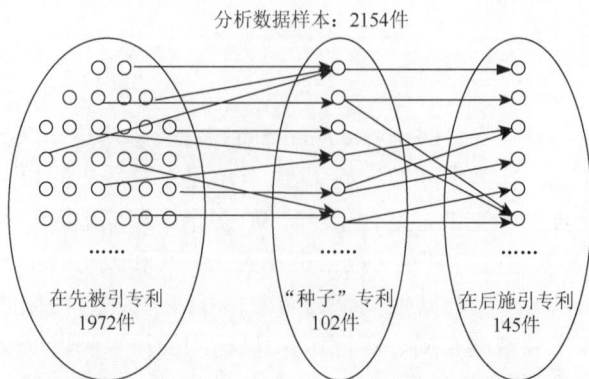

图6-1 石墨烯传感技术实证研究样本数据集构建示意图

6.3 石墨烯传感技术专利引用网络构建

6.3.1 石墨烯传感技术专利引用关系获取

从 DI 中下载导出 2154 件美国专利数据记录，载入 Derwent Data Analyzer（DDA）软件。构建 2154 件专利的互引关系矩阵，行代表被引专利，列代表施引专利。

导出专利的互引关系矩阵，进一步转换为表示专利间引用关系有向无环图 G 的邻接矩阵。设 $G = (V, E)$，V 代表有向无环图中的专利顶点，E 代表有向无环图中的专利引用关系。若 (V_i, V_j) 属于 E，则对应 G 的邻接矩阵中的元素 $A(i, j) = 1$，否则 $A(i, j) = 0$。

6.3.2 石墨烯传感技术专利引用网络可视化

为了形象直观地展示石墨烯传感技术领域专利引用网络，本书利用 Pajek 软件生成了专利引用关系网络可视化图谱，如图 6-2 所示。其中，节点代表专利文献，有向弧代表专利间引用关系，从在先被引专利指向在后施引专利，有向弧方向用来表示专利引用关系视角的技术演进方向。

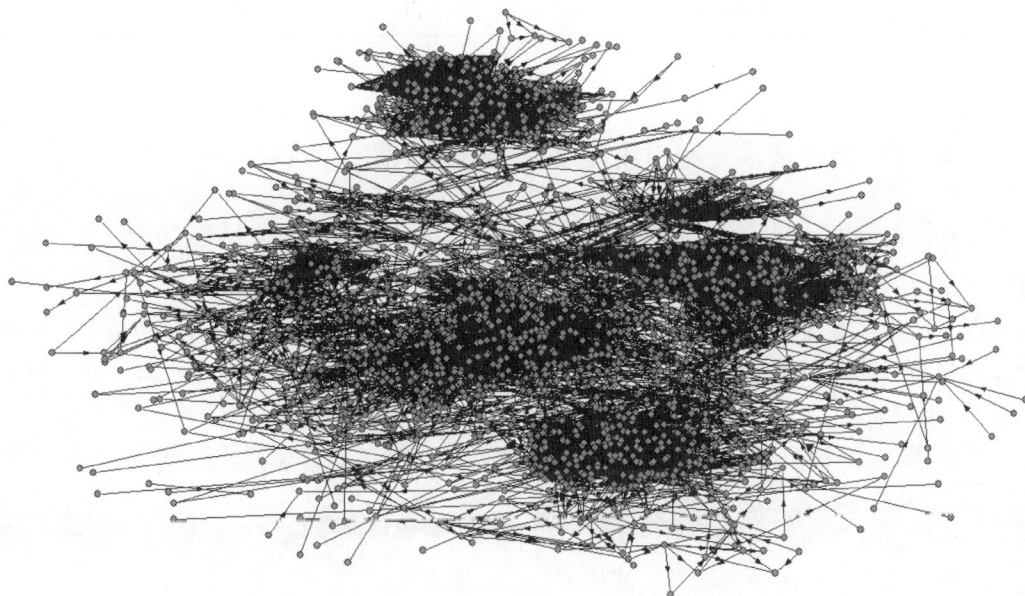

图 6-2 石墨烯传感技术领域专利引用关系网络可视化图谱

图 6-2 反映出，石墨烯传感技术专利引用网络共有 1677 个节点（专利文献），8348 条有向弧（引用关系）。

在社会网络研究中，有一些描述社会网络结构特性的主要指标，这些指标反映了社会网络不同方面的特征。常用的指标有 6 个[172]。

网络规模（size）：网络中的节点数量。

网络直径（diameter）：网络中任意两个节点之间距离的最大值。

平均度数：网络中所有节点的连接数的平均值，表明网络中节点对外联系的平均水平。

网络密度（density）：代表网络中节点之间联系的紧密程度。

中心势（centralization）：刻画整体网络或图的集中程度的一个概念，与网络密度是重要的相互补充性的测量。

成分（component）：连续关联的链连在一起的一些点集，通过寻找这些点的连通路径，可以找出成分的边界。

表 6-1 是石墨烯传感技术专利引用网络的基本结构属性。

表 6-1　石墨烯传感技术专利引用网络的基本结构属性

指标	指标值
网络规模	1677
网络密度	0.0029701
中心势	0.04511
出度中心势	0.03763
入度中心势	0.09195

6.3.3　石墨烯传感技术专利引用网络最大连通子图

通过凝聚子群分析，发现网络中存在着 36 个"成分"，即 36 个相互可达的关联子图。其中，最大的"成分"包括 1553 个节点，占网络节点总数量的 92.6058%。各"成分"中的节点通过相互可达的路径连接；不同"成分"间又各自连通了网络中的其他节点，从而形成一些局部的关系密集性区域。石墨烯传感技术专利引用网络的 36 个"成分"的基本信息详见附表 2。

整体来看，该网络呈现了局部紧密的结构特点。这种紧密性来自专利引用关系的密集性——92.6058%的节点分布在最大子群中，以网络最大"成分"为核心形成。因此，由最大子群连通的专利形成了专利引用网络中相对比较密集的区域，显示出最大"成分"连通的专利引用关系构成该领域技术演化的主流、热点区域。

从整体网络中析出最大连通子图，发现最大连通子图的网络结构的相对密集性更为明显（图 6-3）。接下来，本章实证将基于最大连通子图，进一步研究石墨烯传感技术的专利引用网络主路径。

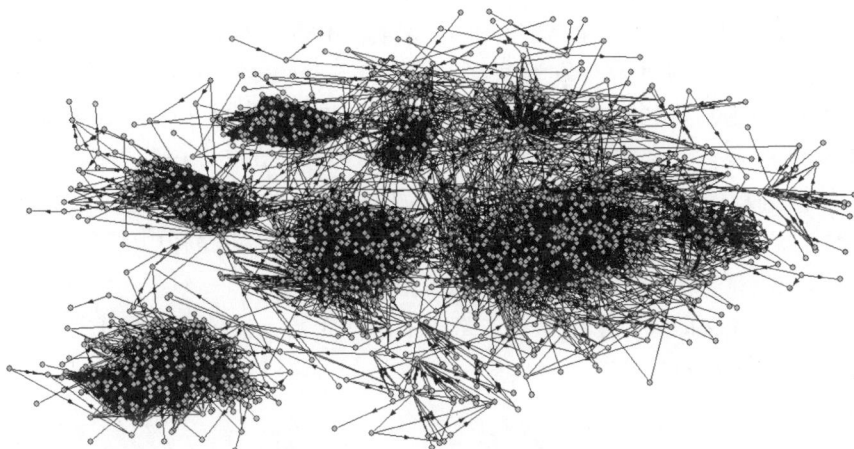

图 6-3　石墨烯传感技术领域专利引用网络最大连通子图

6.4　石墨烯传感技术专利引用网络 SPC 主路径分析

6.4.1　石墨烯传感技术专利引用网络 SPC 主路径识别

利用 Pajek 软件，采用 SPC 主路径法，提取石墨烯传感技术专利引用网络的 SPC 主路径，如图 6-4 所示。

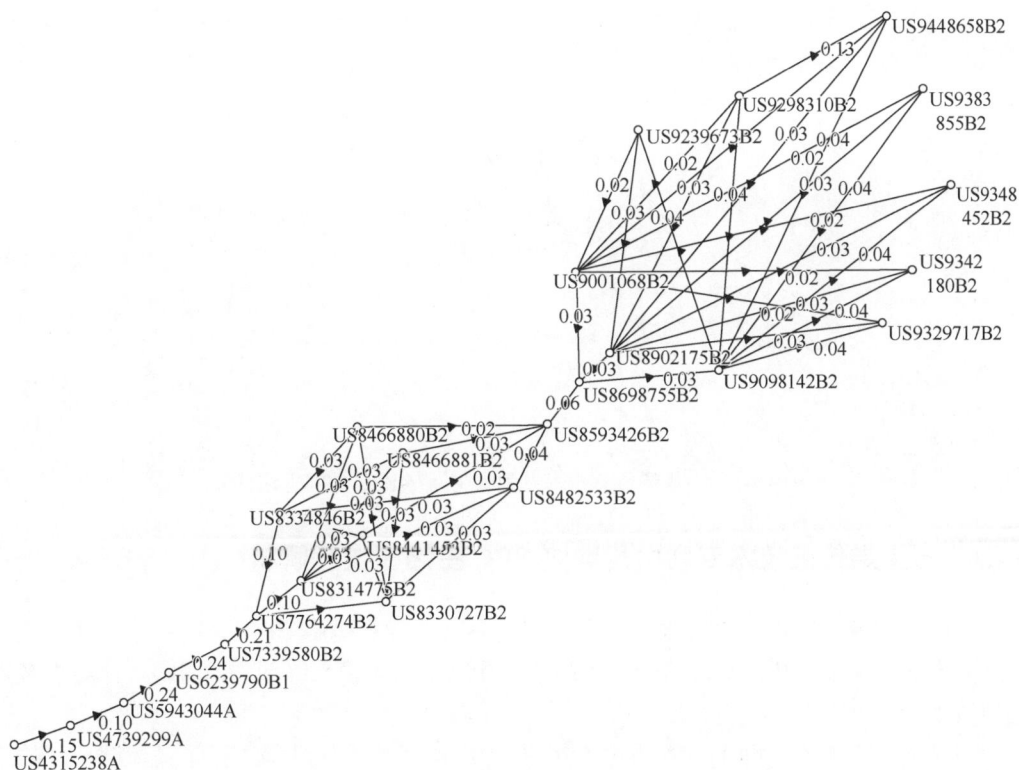

图 6-4　石墨烯传感技术专利引用网络 SPC 主路径

从图中可以看出，SPC 主路径法得到的技术演化主路径共有 1 个源点（US4315238A），沿着不同的引用路径演进，分别演进到 6 个汇点（US9239673B2、US9448658B2、US9383855B2、US9348452B2、US9342180B2 和 US9329717B2）。在技术演进过程中，这 6 条主路径有聚合，也有扩散，一共涉及 25 个专利节点，一些专利节点在技术聚合、技术扩散进程中，发挥着重要的汇聚（如 US8593426B2）、分散（US7764274B2、US8314775B2、US8698755B2、US8902175B2）作用。SPC 主路径中的 25 件专利的基本信息详见附表 3。

在 SPC 主路径法提取的上述 6 条主路径中，有 3 条步长最长的关键主路径，共包含15 个专利节点（图 6-5）。

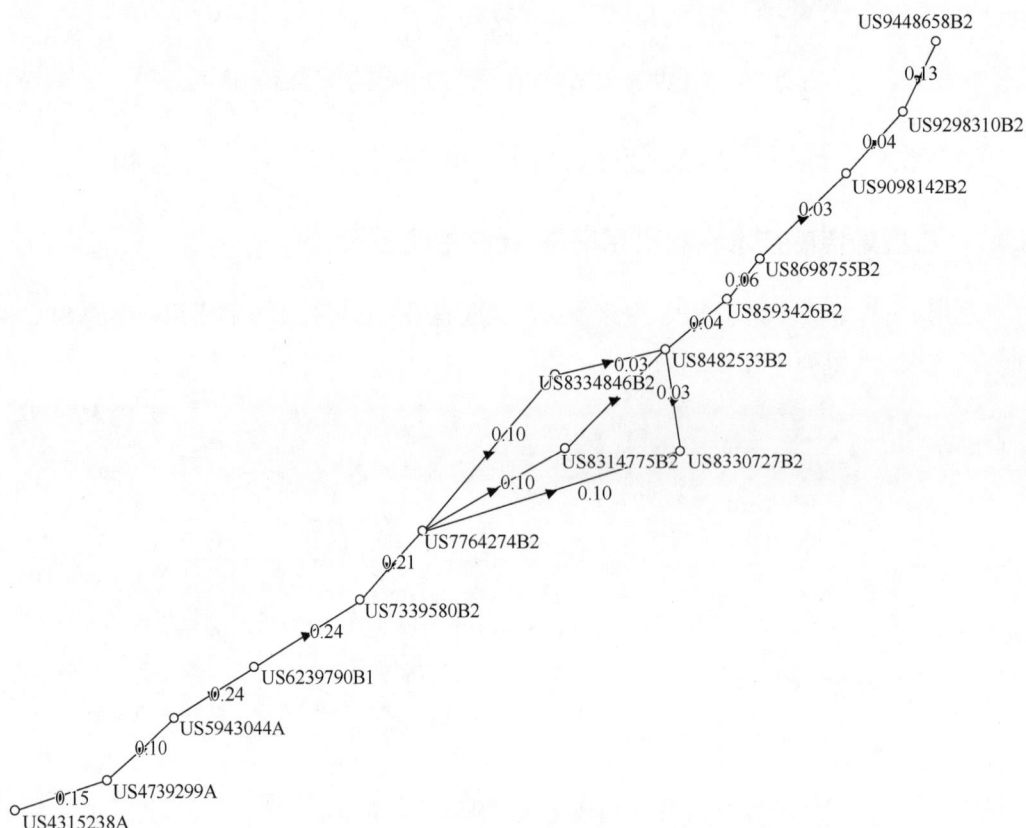

图 6-5　石墨烯传感技术专利引用网络 SPC 关键主路径

6.4.2　石墨烯传感技术专利引用网络 SPC 主路径进程解析

从路径中专利节点的内容来看，石墨烯传感技术专利引用 SPC 关键主路径演化进程可划分为 3 个主要阶段：基础器件技术阶段、计算机信息输入终端技术阶段、计算机多点触控技术阶段。

在领域知识专家协助下，本书对 SPC 关键主路径的演化进程进行了具体解析。技术演化进程的主要阶段性特征如图 6-6 所示，这里简要总结归纳如下。

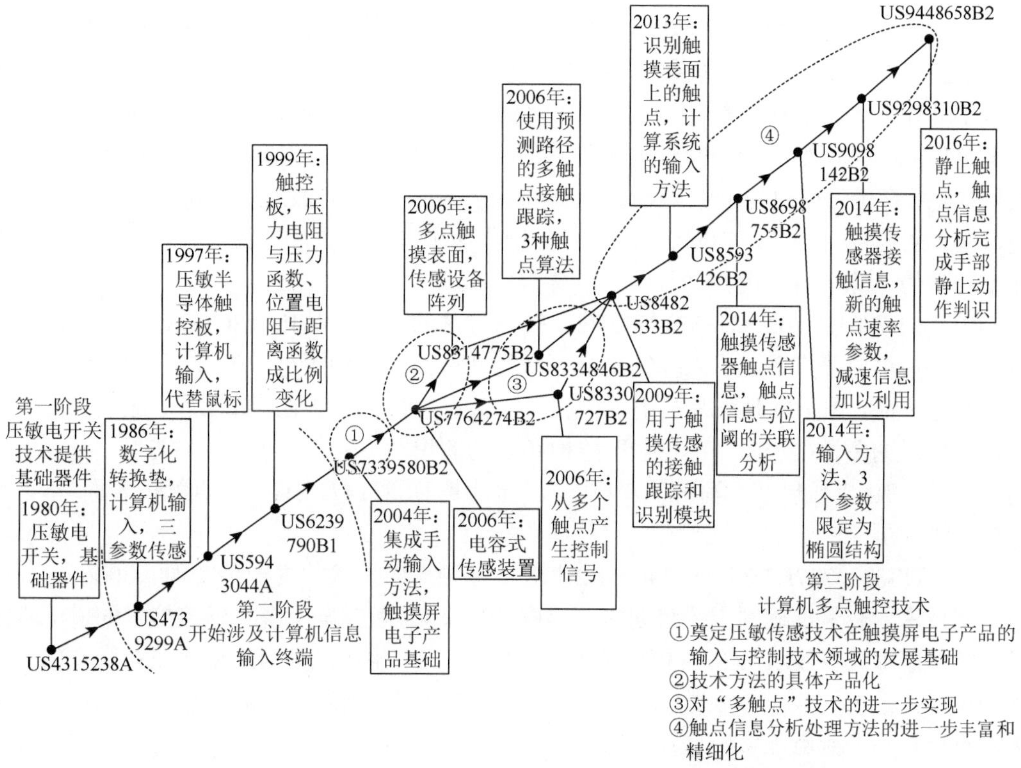

图 6-6　石墨烯传感技术专利引用网络 SPC 关键主路径进程解析

1. 第一阶段（US4315238A），压敏电开关技术提供基础器件

由 Eventoff Franklin N.于 1980 年提出，现属于 Interlink Electronics Inc. 所有。该专利公开了一种压力响应模拟开关，可以提供与施加到开关上的压力成反比关系变化的电阻。该压敏电开关的电阻导体可以包括粉末状碳[173]。该专利提供的压敏电开关是一种应用领域广泛的基础性组件，可以视为压敏传感技术向更多领域发展的基石。

2. 第二阶段（US4739299A→US6239790B1），开始涉及计算机信息输入终端技术

压敏传感技术开始进入以鼠标为代表的主流计算机坐标数据输入与计算机控制装置的技术领域中。主路径中表现为 Interlink Electronics Inc. 在 1986~1999 年申请的 3 件触控输入方法与装置专利，通过点接触，感测位置和压力参数，实现计算机的参数输入，如电脑游戏、键盘图形显示等[174]；申请人认为所发明的位置和压力感测触控板组件与相关方法有望成为新一代产品与方法的技术创新点[175, 176]。

3. 第三阶段（US7339580B2→US9448658B2），计算机多点触控技术进展

Apple 公司是此阶段的主导者，推进了压敏传感技术在触摸屏电子产品的输入与控制技术领域中功能发挥的演化历程，又可具体细分为 4 个发展阶段。

（1）US7339580B2：奠定压敏传感技术在触摸屏电子产品的输入与控制领域的发展基础（2004 年）。这是压敏传感专利技术演化路径中一项关键性的专利，提供了一种用于集成手动输入的方法和装置，属于接近式感测技术领域。该专利主要目的是解决在多个触摸面上集成不同类型的手动输入的问题，公开的一种用于同时跟踪多个手指和手掌触点的装置，其组合优化模块基于生物力学约束和接触特征，可进行直观的手部位型与运动的分类，实现对打字、静止、指向、滚动、3D 操作和手写的集成，形成一个多功能、符合人体工程学的计算机输入设备[177]。

（2）US7764274B2→US8314775B2：技术方法的具体产品化（2006）。这是压敏传感技术在触摸屏电子产品的输入控制终端领域的新产品开发的更进一步。涉及的多触摸传感表面装置产品，用于同时跟踪多个手指和手掌触点的装置，包括手部靠近、触摸和滑过一种接近传感的多触摸表面，直观手形结构和运动的识别与分类，实现了对打字、静止、指向、滚动、3D 操作以及手写等的集成[178]。尤其是 US8314775B2 "多点触摸表面"，已显示出 "触摸屏" 的端倪[179]。

（3）US8330727B2→US8334846B2：对 "多触点" 技术的进一步实现（2006）。此阶段专利技术内容是准确判定手势动作并提取其含义，是触摸屏上多点触控技术的进一步演进。专利技术内容显示，US8330727B2 "从多个触点产生控制信号" 创新在对触点信息的处理中纳入速度、权重等参数[180]，US8334846B2 "使用预测路径的多触点接触跟踪" 从多触点运算上升到触点轨迹运算[181]。

（4）US8482533B2→US9448658B2：触点信息分析处理方法的进一步丰富化和精细化（2009 年以后）。此阶段大多是提高触摸动作语义识别准确性的技术方案[182-187]。其中，US8482533B2 "用于触摸传感的接触跟踪和识别模块" 是该阶段值得注意的一件代表性专利技术，涉及方法与产品保护，包含 42 项权利要求，它是在 2006 年相同主题的技术方法保护专利（US8330727B2）的基础上，更进一步提取所述关联信息，从一组触点信息中分离出运动分量，并定义包括平移、旋转、缩放等在内的不同的运动分量，从而更精细地解构了一组触点信息中更丰富的动作语义[182]。

6.5　石墨烯传感技术专利引用网络多目标优化主路径分析

6.5.1　评价目标函数相关数据获取

1. 获取网络基本属性信息

对于 6.3.3 节中得到的石墨烯传感技术专利引用网络最大连通子图，利用 Pajek 软件分析其网络基本属性信息，包括 1553 个节点的标签信息（专利号）与网络节点坐标信息、8212 条引用关系有向弧信息。

网络基本属性信息详见附表 4。

2. 计算目标函数一评价参数：路径连接性重要度 ω_{ij}

路径连接性重要度 ω_{ij} 基于网络连边的搜索路径统计数（SPC）来度量。计算依据详见式（5-21）。

利用 Pajek 软件，计算得到最大连通子图网络中 8212 条引用弧的 SPC。计算结果整理情况详见附表 5。

3. 计算目标函数一约束条件参数：技术生命周期修正系数 O_{ij}

根据 4.1.3 节研究结论，利用 Logistic 模型拟合出石墨烯传感技术的专利技术生命周期模型，求取技术生命周期修正系数，用以修正石墨烯传感技术专利引用网络连边的遍历权重值，反映石墨烯传感专利技术（产品）的技术成熟趋势对引用网络路径重要性带来的动态影响。

将石墨烯传感技术主题高度相关的 102 件美国"种子"专利，以及各"种子"专利的前向、后向引用美国专利，合并作为 Logistic 模型拟合的数据样本集合。为能够充分地反映领域的技术演化历史，共采集了 2 阶前向引用美国专利。数据样本集合包含共 26537 件美国专利。

26537 件美国专利涉及的申请年为 1961~2015 年，按申请年对专利进行分组，统计每组专利从申请年起至今的历年被引用频次，这样得到 55 组专利前向引用趋势变化数据。为避免专利制度规定的专利文献公布周期对数据分析研究结果带来的时间滞后性影响，选择 1961~2010 年申请的 50 组专利的被引频次变化数据作为本实证分析的观测样本值。这 50 组专利自申请年起直至 2013 年的历年累计被引频次统计量详见附表 6。

为反映技术领域生长的稳态特点，选取 50 组观测数据的中段 5 组（1986~1990 年），以 5 组数据和自申请日起 26 个观测时点（年）的观测值（被引频次）作为实验变量（表 4-3），用以开展石墨烯传感技术的专利技术生命周期曲线拟合分析，以便更好地反映领域技术生长的稳态特点。

运用 SPSS 19.0 软件对表 4-3 中的实验变量数据进行 Logistic 模型拟合分析。基于表 4-3 观测值情况，通过尝试法，设定模型 L 取值为 210000。

选择曲线回归（curve estimation regression）功能，按提示输入 $Y(t)$ 作为因变量、t 作为自变量，选择 Logistic 模型，键入最大值参数 L 的估计值，选择进行方差分析并输出检验结果。执行设定程序。实验拟合结果：$L = 210000$，$b_0 = 0.001$，$b_1 = 0.739$。则有：$b = \ln b_1 = -0.3025$，$\alpha = L \times b_0 = 210$，$G(\Delta t) = \dfrac{L}{1 + \alpha \cdot e^{-b \times \Delta t}} = \dfrac{210000}{1 + 210 \times e^{0.3025 \times \Delta t}}$，$R^2 = 0.951$。

进一步地，推导出被引专利 i 与施引专利 j 的引用弧 C_{ij} 的连通性重要度的技术生命周期修正系数 O_{ij} 为

$$O_{ij} = \frac{1}{1 + e^{-b \times \Delta t}} = \frac{1}{1 + e^{0.3025 \times (T_j - T_i)}} \qquad (i, j = 1, 2, \cdots, n; i < j)$$

由此，计算得到最大连通子图网络中 8212 条引用弧的技术生命周期修正系数。计算依据详见式（5-22）、式（5-23）。计算结果详见附表 7。

4. 计算目标函数二评价参数：技术主题相似度 sim_{ij}

抽取每篇专利文献被赋予的 IPC 小组代码作为该篇专利文献的技术主题特征项，对 IPC 小组代码降维，生成 IPC 小类代码（即 4 位 IPC 分类号）主题特征项，并且以 IPC 小类代码在该篇专利文献中的出现频次作为该特征项的加权。由此，将每篇专利文献的技术主题表示成基于 IPC 小类代码的主题概率向量。

1553 个专利节点代表的专利文献共涉及 197 个 IPC 小类代码特征项。进一步地，建立 1553 个专利节点与 197 个 IPC 小类代码特征项的关联矩阵，详见附表 8。

采用欧氏距离计算模型，计算每两个专利节点之间的欧氏距离。计算依据详见式（5-27）。计算结果详见附表 9。

由于欧氏距离取值范围较大，且距离越小，表示对象越接近，因此对专利节点的欧氏距离结果进行归一化处理，得到取值在[0,1] 的技术主题相似度矩阵。计算依据详见式（5-26）。计算结果详见附表 10。

5. 计算目标函数二约束条件参数：引用动机类型修正系数 r_{ij}

在 Derwent Innovation 中，专利记录的著录项"引用的参考文献详细信息——专利"提供了各专利记录中引用的参考文献的来源信息。对于非美国专利，使用数字 0～10 表示专利引用来源；对于美国专利，还可能包含代码 11～13，分别对应"审查员"（EXAMINER）、"申请人"（APPLICANT）和"第三方"（THIRD），以及一个代表"其他"（OTHER）类别的代码。

表 6-2 是 Derwent Innovation 专利引用来源著录数据示例。表 6-3 是专利引用来源著录代码及其释义。

表 6-2　Derwent Innovation 专利引用来源著录数据示例

公开号	引用的参考文献详细信息-专利
US6861961B2	US20020119685A1, US, , 0（Examiner）, 2000-11-30,	US20040066366A1, US, , 0（Examiner）, 2000-12-07,	US5453941A, US, , 1（Applicant）, 1993-04-23, SMK KK	US5686705A, US, , 1（Applicant）, 1996-02-15, EXPLORE TECHNOLOGIES INC	US6333736B1, US, , 0（Examiner）, 1999-05-20, ELECTROTEXTILES CO LTD	US6714407B2, US, , 0（Examiner）, 2000-05-01, PATENT CATEGORY CORP	US5815139A, US, , 1（Applicant）, 1996-05-01, SMK KK	DE29512756U1, DE, , 1（Applicant）, 1995-08-08, GOECKEL KARL	GB2350431A, GB, , 1（Applicant）, 1999-05-20, ELECTROTEXTILES CO LTD	US4725696A, US, , 1（Applicant）, 1985-06-11, SHINETSU POLYMER CO	WO2000072239A1, WO, , 1（Applicant）, 1999-05-20, ELECTROTEXTILES CO LTD, SANDBACH DAVID LEE	GB2350683A, GB, , 1（Applicant）, 1999-05-12, UNIV BRUNEL	US3745287A, US, , 1（Applicant）, 1971-10-01, ADDMASTER CORP	US4798919A, US, , 1（Applicant）, 1987-04-28, IBM	US3911215A, US, , 1（Applicant）, 1974-03-18, ELOGRAPHICS INC	US5159159A, US, , 1（Applicant）, 1990-12-07, ASHER DAVID J	US4707845A, US, , 1（Applicant）, 1986-08-26, TEKTRONIX INC	EP989509A2, EP, , 1（Applicant）, 1998-09-26, ELECTROTEXTILES COMP LTD	US5220521A, US, , 1（Applicant）, 1992-01-02, CORDATA INC	US4687885A, US, , 1（Applicant）, 1985-03-11, ELOGRAPHICS INC	EP921544A2, EP, , 1（Applicant）, 1995-04-27, BURGESS LESTER E	US4659873A, US, , 1（Applicant）, 1985-07-19, ELOGRAPHICS INC	DE198901047U1, DE, , 1（Applicant）, 1989-01-31, WILHELM RUF KG 8000 MUENCHEN DE	US6180900B1, US, , 0（Examiner）, 1998-02-20, POLYMATECH CO LTD	US4837548A, US, , 0（Examiner）, 1987-02-05, LEDA LOGARITHMIC ELECT DEVICES	US4220815A, US, , 1（Applicant）, 1978-12-04, ELOGRAPHICS INC	US5262778A, US, , 1（Applicant）, 1991-12-19, APPLE COMPUTER	US5852260A, US, , 1（Applicant）, 1996-03-26, SMK KK	DE8901047A1, DE, , 12（Applicant）, ,	EP261770A2, EP, , 1（Applicant）, 1986-08-26, TEKTRONIX INC

表 6-3　专利引用来源著录代码及其释义

代码	来源释义
0	检索报告（审查员）
1	由申请人引用
2	在审查阶段显示
3	在异议阶段显示
4	条款 115（由第三方观察）
5	国际检索报告（审查员）
6	第 2 章（审查员）
7	授权前/检索前
8	补充检索报告（审查员）
9	已递交异议
10	已上诉
11	美国审查员
12	美国申请人
13	美国第三方

　　基于 Derwent Innovation 提供的专利引用来源著录代码信息，本章实证研究对石墨烯传感技术专利引用网络最大子团的 8212 对专利引用关系，逐一辨识每对专利引用关系的施引行为主体，将其归纳为 3 种类型的引用动机：发明人自引、审查员引用、发明人他引。引用动机辨识过程通过编程实现，辨识程序的伪代码如下。

在"citing-引用的参考文献详细信息-专利"中，查找"被引专利号"（cited PN）

CASE 查找不到，

　　在"来源类型"（source）中记入"NULL"

否则，从"来源类型"（source）中提取该被引专利号对应的引用文献来源代码

CASE 提取不到对应的来源代码，

　　在"来源类型"（source）中记入"NULL"

否则，继续以下

If 引用文献来源代码 = "0"，then

　　在"来源类型"（source）中记入"0"　　　　　　#属审查员引用

Else，

　　If 引用文献来源代码 = "1"，then

　　　　比较"被引专利权人"（cited-CODE）与"施引专利权人"（citing-CODE）　　　#辨识申请人自引、他引

　　　　CASE 专利权人项缺失，

　　　　　　在"来源类型"（source）中记入"NULL"

　　　　否则

　　　　If，"被引专利权人"（cited-CODE）与"施引专利权人"（citing-CODE）存有交叉项，then　　#被引与施引的专利权人有交叉

　　　　　　在"来源类型"（source）中记入"19"　　#定义为申请人自引

　　　　Else，在"来源类型"（source）记入"1"　　　#定义为申请人他引

　　　　End if

Else，在"来源类型"（source）中记入提取的引用类型代码　　#以上 3 种类型以外的其他引用来源

　　End if

End if

　　对于少量因数据库著录项缺失而使程序无法辨识的数据，逐一进行人工核查与判断，由此完成了 8212 对专利引用关系类型的辨识。

　　之后，根据式（5-29）对每对引用关系赋予相应的引用动机类型修正系数，得到 8212 条引用关系弧的引用动机类型修正系数。计算结果详见附表 11。

6.5.2　算法运行环境

　　采用 MATLAB 语言编写算法，并在 MATLAB R2012b 下进行编译，在硬件配置为酷睿双核 2.5GHz、内存为 4GB 且装有 32 位 Windows 7 操作系统的 PC 上运行。

6.5.3　计算流程

　　1. 输入数据

　　在 MATLAB 中，建立表 6-4 所示的文本文档，以矩阵形式输入专利引用网络主路径多目标优化模型要求的输入数据。

表 6-4　石墨烯传感技术专利引用网络主路径多目标优化模型输入数据

文档名称	内容
GSN-Network.xlsx	专利引用有向网络
GSN-Obj1-Wij.xlsx	专利引用路径的连接性重要度
GSN-Obj1-Oij.xlsx	专利引用路径的技术生命周期修正系数
GSN-Obj2-SIMij.xlsx	专利技术的主题相似度
GSN-Obj2-Rij.xlsx	专利引用路径的引用动机类型修正系数

　　2. 算法参数设置

　　算法参数设置如表 6-5 所示。

表 6-5　专利引用网络主路径多目标优化搜索算法参数设置

参数	值	说明
群体长度	80	算法运行时，初始群体长度
迭代次数	10000	算法运行的迭代次数
非占优集	1000	算法每迭代一次，保存非占优解的集合
邻域搜索步长	20	算法进行邻域搜索时，最大搜索次数

3. 运算结果输出

本章实证研究从石墨烯传感技术专利引用网络最大连通子图的所有源点与汇点对中，解析出所有可达引用路径共 530 条，作为初始种群。应用第 5 章建立的专利引用网络主路径分析多目标优化模型、基于超体积指标函数方法的多目标局部搜索算法程序，运算得到多目标 Pareto 最优近似解集，生成输出文件。

输出的 Pareto 非劣解结果详见附表 12。其中：$f_1(x)$ 代表非劣解的目标函数一评价值，$f_2(x)$ 代表非劣解的目标函数二评价值，fitness 代表非劣解的适应值，path 是该非劣解对应的专利引用路径节点序列。

6.5.4　专利引用网络多目标 Pareto 最优主路径

将运算得到的 Pareto 最优近似解集按照适应值的降序排列，根据决策需求，筛选专利引用网络最优主路径。表 6-6 是石墨烯传感技术专利引用网络多目标 Pareto 最优近似解集中的前 20 个解（Top 20）代表的主路径情况。

表 6-6　石墨烯传感技术专利引用网络多目标 Pareto 最优主路径 Top 20

序次 (ID)	适应值 （fitness）	Pareto 最优近似解（π_{ID}）
1	13262.45	US7923801B2→US8004057B2→US8269260B2→US8441090B2→US8476727B2→US8513758B2→US8558286B2→US8643064B2→US8803128B2→US9257582B2
2	11878.52	US4315238A→US4810992A→US5943044A→US6239790B1→US7339580B2→US7764274B2→US8330727B2→US8441453B2→US8593426B2→US8698755B2→US9001068B2→US9329717B2
3	11590.34	US6300612B1→US8004057B2→US8269260B2→US8441090B2→US8476727B2→US8513758B2→US8558286B2→US8643064B2→US8803128B2→US9257582B2
4	11485.95	US6323846B1→US7339580B2→US7764274B2→US8330727B2→US8441453B2→US8593426B2→US8698755B2→US9001068B2→US9329717B2
5	11485.95	US6888536B2→US7339580B2→US7764274B2→US8330727B2→US8441453B2→US8593426B2→US8698755B2→US9001068B2→US9329717B2
6	10868.32	US6882051B2→US7598482B1→US8269260B2→US8441090B2→US8476727B2→US8513758B2→US8558286B2→US8643064B2→US8803128B2→US9257582B2
7	10862.62	US6996147B2→US7598482B1→US8269260B2→US8441090B2→US8476727B2→US8513758B2→US8558286B2→US8643064B2→US8803128B2→US9257582B2
8	10835.82	US4489302A→US5943044A→US6239790B1→US7339580B2→US7764274B2→US8330727B2→US8441453B2→US8593426B2→US8698755B2→US9001068B2→US9329717B2
9	10828.81	US4314227A→US5943044A→US6239790B1→US7339580B2→US7764274B2→US8330727B2→US8441453B2→US8593426B2→US8698755B2→US9001068B2→US9329717B2
10	9869.21	US7521737B2→US8269260B2→US8441090B2→US8476727B2→US8513758B2→US8558286B2→US8643064B2→US8803128B2→US9257582B2
11	9776.63	US5854625A→US7339580B2→US7764274B2→US8330727B2→US8441453B2→US8593426B2→US8698755B2→US9001068B2→US9329717B2
12	8082.28	US7084859B1→US7764274B2→US8330727B2→US8441453B2→US8593426B2→US8698755B2→US9001068B2→US9329717B2
13	6295.44	US4963702A→US8314775B2→US8441453B2→US8593426B2→US8698755B2→US9001068B2→US9329717B2
14	3803.90	US4224595A→US4631952A→US5150603A→US5512882A→US5911872A→US6455319B1→US6631333B1→US8394330B1
15	3762.24	US4129030A→US4631952A→US5150603A→US5512882A→US5911872A→US6455319B1→US6631333B1→US8394330B1

序次 （ID）	适应值 （fitness）	Pareto 最优近似解（π_{ID}）
16	3087.35	US6821911B1→US7452759B2→US7838809B2→US8013286B2→USRE44469E1
17	3007.61	US6503409B1→US7238485B2→US7625706B2→US7846738B2→US8394640B2→US8986528B2
18	2855.90	US5788833A→US5911872A→US6455319B1→US6631333B1→US8394330B1
19	2715.51	US7732769B2→US7947954B2→US8642961B2
20	2192.80	US5625210A→US5880495A→US6100551A→US8299472B2→US8546742B2→US8835905B2

其中，Top 6 最优解代表的 6 条多目标 Pareto 最优主路径共涉及 27 个专利节点。这 27 件专利的基本信息详见附表 13。除 12 个节点与 SPC 主路径的节点重合（详见附表 3），其余 15 个节点未曾出现在 SPC 主路径中：US6300612B1、US6323846B1、US6882051B2、US6888536B2、US7598482B1、US7923801B2、US8004057B2、US8269260B2、US8441090B2、US8476727B2、US8513758B2、US8558286B2、US8643064B2、US8803128B2、US9257582B2。

提取多目标优化方法得到的 Pareto 最优近似解 Top 6，抽取它们代表的 6 条多目标 Pareto 最优主路径（详见表 6-6 中 $\pi_1 \sim \pi_6$）。这 6 条多目标 Pareto 最优主路径的拓扑结构如图 6-7 所示。

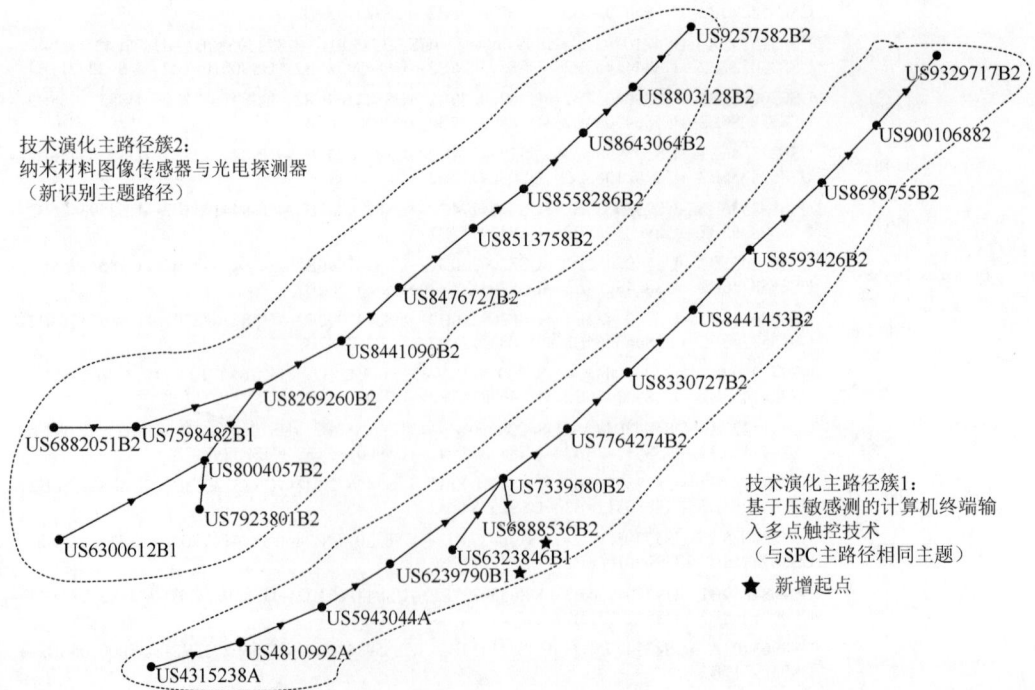

图 6-7　石墨烯传感技术专利引用网络多目标 Pareto 最优主路径 Top 6

　　经对比发现，在这 6 条多目标 Pareto 最优主路径中，路径 π_2、π_4、π_5 的技术主题与 SPC 主路径技术主题相同，主要专利节点及演化进程与 SPC 主路径基本一致。路径 π_1、π_3、π_6 则是多目标优化方法识别出的不同于 SPC 方法结果的新的技术主题演化路径。图 6-7 中明显呈现出两个不同的技术演化主路径簇。

　　（1）Pareto 最优主路径簇 1。图 6-7 下虚线框内示意的技术演化主路径簇 1，是与 SPC 主路径的技术主题相同的演化主路径——基于压敏感测的计算机终端输入多点触控技术。演化路径进程中绝大多数专利技术节点及其引用发展轨迹与 SPC 主路径相同。

　　（2）Pareto 最优主路径簇 2。图 6-7 上虚线框内示意的技术演化主路径簇 2，是 SPC 主路径方法未能识别出的新的演化主题——纳米材料图像传感器与光电探测器。

6.6　两种方法主路径结果对比

　　图 6-8、图 6-9 是石墨烯传感技术专利引用网络的两种主路径方法的结果对比，可以清晰地看到，多目标优化主路径方法与 SPC 主路径方法相比，识别的技术演化主题更丰富，且主路径反映的演化内容更具有细分性。

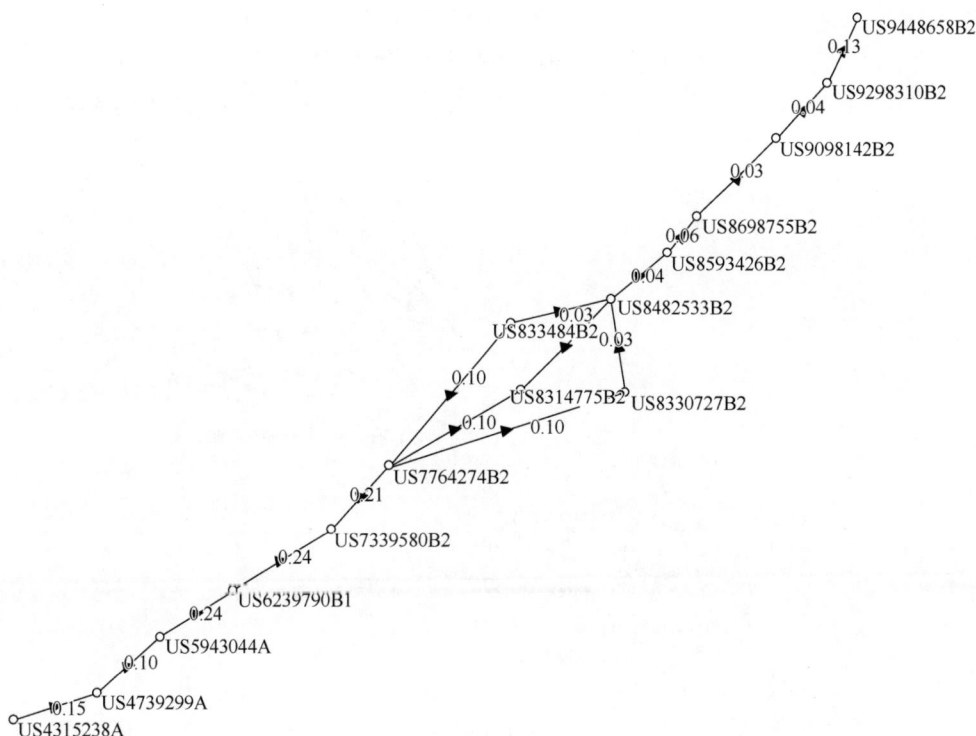

(a) SPC主路径Top 3

技术演化主路径簇2：
纳米材料图像传感器与光电探测器
（新识别主题路径）

US9257582B2

US8803128B2

US8643064B2

US8558286B2

US8513758B2

US8476727B2

US8441090B2

US8269260B2

US8004057B2

US6300612B1　US7923801B2

US9329
717B2

US9001068B2

US8698755B2

US8593426B2

US8441453B2

US8330727B2

US7764274B2

US7339580B2

US6239790B1

US5943044A

US4810992A

US4315238A

技术演化主路径簇1：
基于压敏感测的计算机终端输
入多点触控技术
（与SPC主路径相同主题）

(b) 多目标Pareto最优主路径Top 3

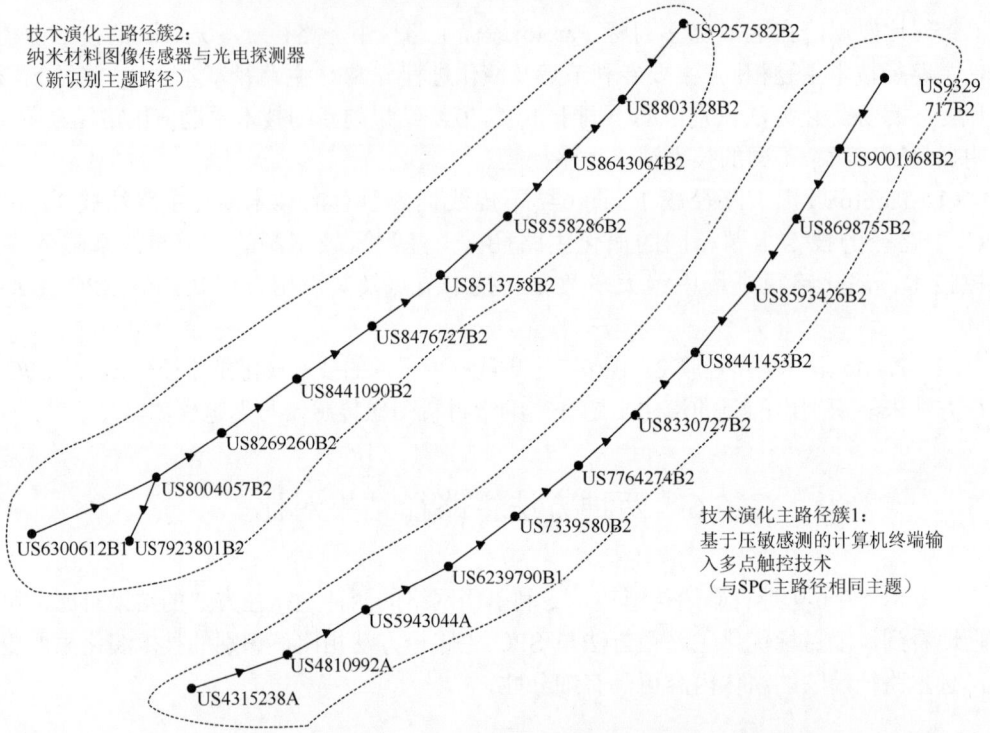

图 6-8　石墨烯传感技术专利引用网络主路径对比一

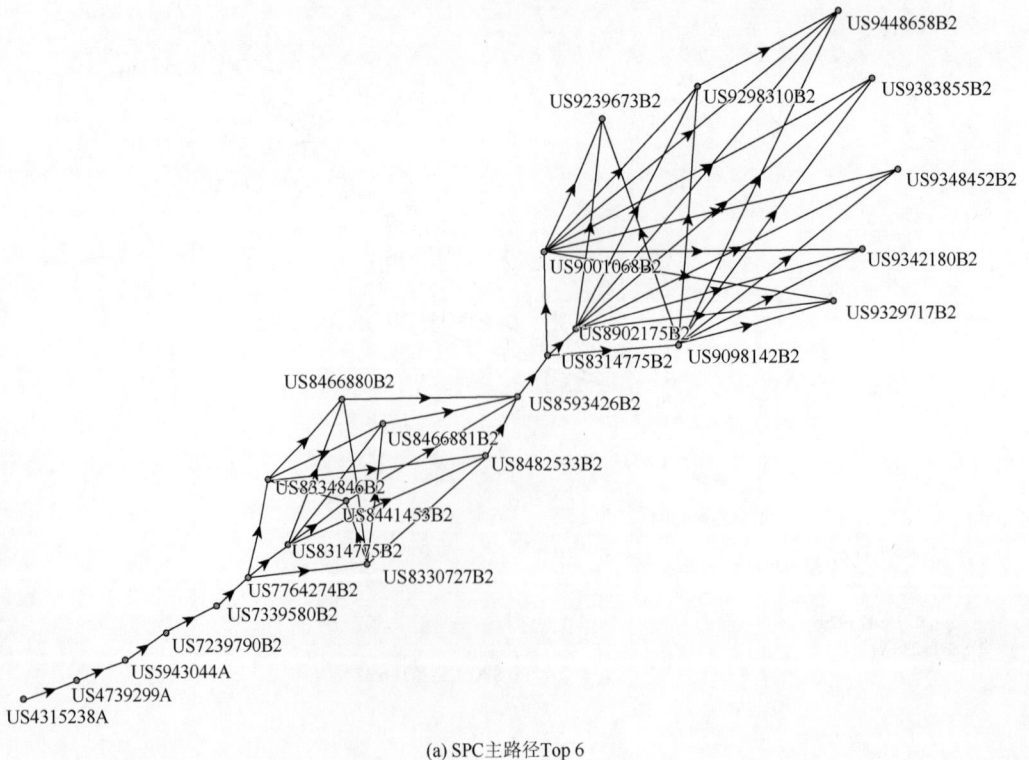

US9448658B2

US9298310B2

US9383855B2

US9239673B2

US9348452B2

US9342180B2

US9001068B2

US9329717B2

US8902175B2

US8314775B2　US9098142B2

US8466880B2

US8593426B2

US8466881B2

US8482533B2

US8334846B2

US8441453B2

US8314775B2

US7764274B2　US8330727B2

US7339580B2

US7239790B2

US5943044A

US4739299A

US4315238A

(a) SPC主路径Top 6

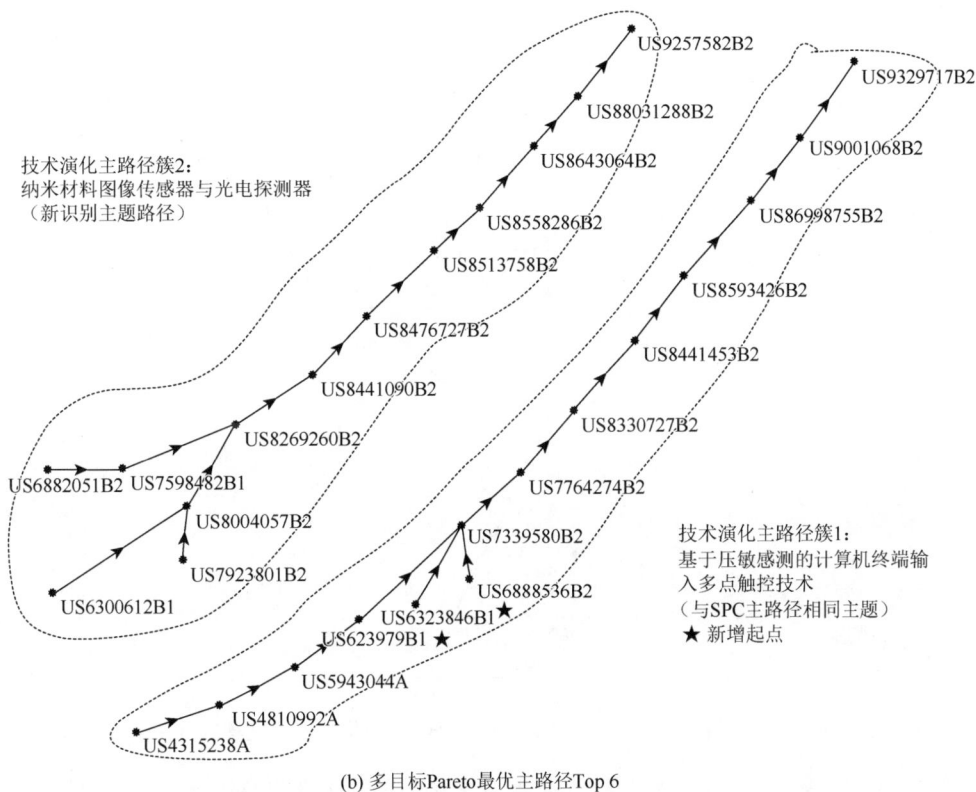

(b) 多目标Pareto最优主路径Top 6

图 6-9　石墨烯传感技术专利引用网络主路径对比二

6.6.1　与 SPC 主路径相同主题的多目标 Pareto 最优主路径解析

经咨询领域知识专家，图 6-7 中的多目标 Pareto 最优主路径"基于压敏感测的计算机终端输入多点触控技术"与 SPC 方法识别出的相同主题的演化主路径相比，其特点在于：多目标优化主路径比 SPC 主路径新增了 2 个路径源点 US6323846B1（感测装置）、US6888536B2（多点触摸表面装置），这是压敏传感技术进入触摸屏领域的奠定性专利，多目标优化主路径丰富了压敏传感技术在触摸屏电子产品的输入与控制技术领域中的演化起源信息（图 6-10）。

就技术演化的总体进程而言，两种方法得到的技术演化路径基本相同，演化过程的 3 个阶段性发展特点都非常鲜明。在第 3 阶段"计算机多点触控技术"发展期，两种方法主路径都同样鲜明地呈现出 4 步进程：压敏传感进入触摸屏领域、技术方法的具体产品化、"多触点"技术进一步实现、触点信息处理方法丰富和精细化。

6.6.2　比 SPC 主路径新增技术演化主题的多目标 Pareto 最优主路径解析

多目标优化主路径方法识别出的新增技术演化主题的主路径（US6300612B1→

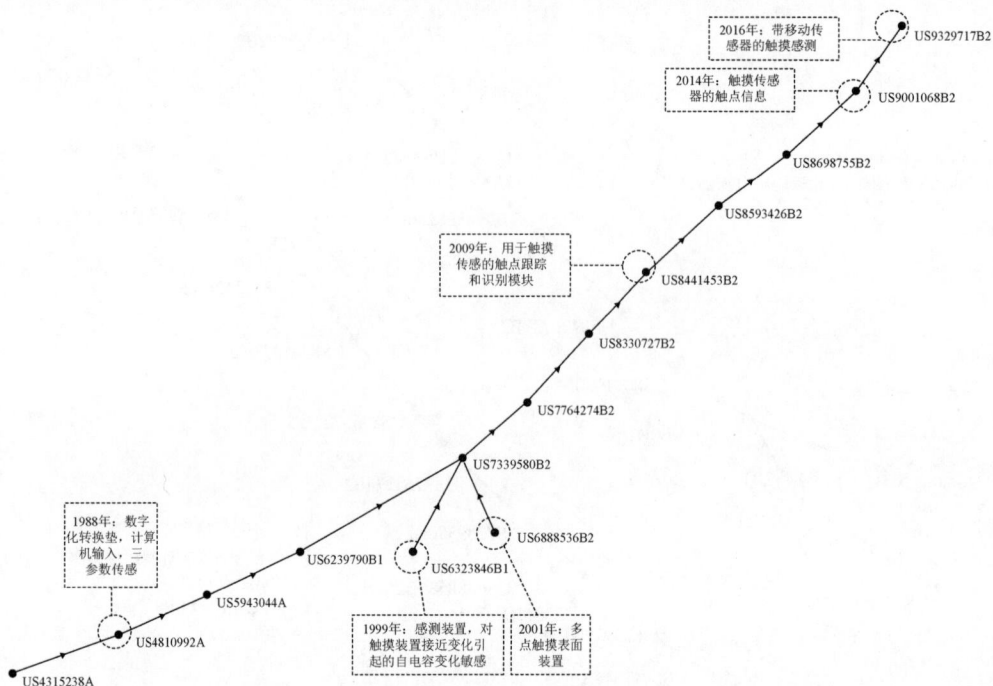

图 6-10　石墨烯传感技术专利引用网络多目标 Pareto 最优主路径进程解析（主题一）

US9257582B2），共含有 13 个专利技术节点，是关于纳米材料图像传感器与光电探测器的相关材料、系统、制造和应用方法的技术演化轨迹。

从路径中专利节点的技术内容来看，该技术主题的演化进程大致包括三个阶段。在领域知识专家协助下，对路径演化进程进行了具体解析。技术演化进程的主要阶段性特征如图 6-11 所示，这里简要总结归纳如下。

1. 第一阶段（US6300612B1），固态成像元件技术基础

1999 年，US6300612B1 公开了由有机半导体构成的、具有单色或多种颜色响应的图像传感器，以及实现红、绿和蓝全色探测的几种方法。类似的方法可应用于在预期响应范围和其他预期光谱范围内的多波段探测（波长复用技术）[188]。该专利涉及用于电子照相机和其他相关应用的固态成像元件，所提出的单色或多色响应图像传感器可用于电子相机。该专利技术的优势在于所需的光响应可以在红外线、可见光和紫外线范围内获得，且制造相对简单。该专利提出了一种新的技术领域及其广阔的技术前景。

2. 第二阶段（US6882051B2→US8643064B2），含纳米晶体光敏材料的光探测器、图像传感器，以及制造和使用这些装置和系统的方法

这一阶段的发端是加利福尼亚大学 2002 年的"纳米线、纳米结构和由其制造的器件"技术（US6882051B2），但后续技术的演进基本由 Invisage Technologies Inc. "把持"。

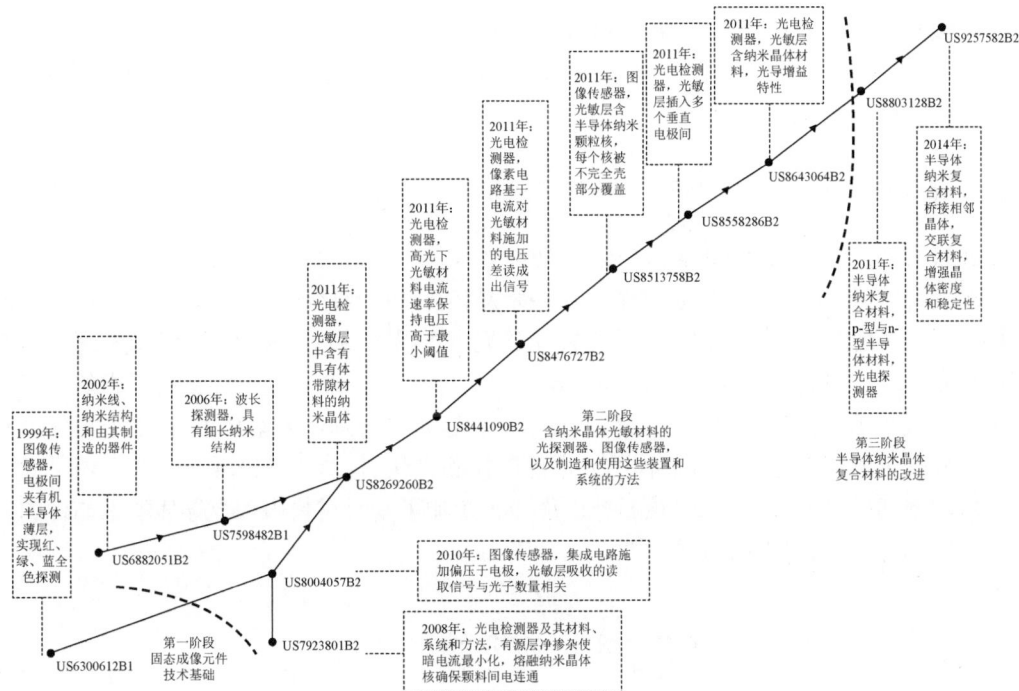

图 6-11　石墨烯传感技术专利引用网络多目标 Pareto 最优主路径进程解析（主题二）

　　加利福尼亚大学提供了纳米结构和纳米线的制造方法及由其制造的器件专利。该专利得到的纳米线异质结构的例子包括纵向异质结构纳米线和同轴异质结构纳米线。该发明提供的纳米线异质结构中的单晶材料空间构造使得可利用量子限制效应[189]。

　　Invisage Technologies Inc. 涉及光电检测器的技术集中在两部分。一部分是 2008 年提交的 US7923801B2 及该专利的分案申请所涉及的一系列光电检测器及相关的材料、系统和方法技术。其中，US7923801B2 提供的光电检测器以及相应的材料、系统及方法旨在通过有源层的净掺杂使暗电流最小化，通过熔融纳米晶体核以确保颗粒之间的电连通，使噪声的产生得以最小化[190]；几件分案申请中，其产品的基本结构相似，但是在像素电路及其建立的电信号特征、建立电信号的方法等方面则存在差异[191-193]。另一部分是 2011 年的两件专利[194,195]，都涉及一种光电检测器，其中，US8558286B2 的创新点围绕电极的定位关系，检测器通过集成电路和垂直电极之间的耦合选择性地施加偏压，并从所述光敏层读取对应于由所述光敏层吸收的光的像素信息；后者则围绕光敏层的厚度特点、光敏层中纳米晶体材料具有的光导增益特性、光谱吸收特性、暗电流特性等。除了 Invisage Technologies Inc.的 IMEC（Interuniversity Microelectronics Centre，微电子研究中心）在 2006 年也提供了具有细长纳米结构（如纳米线）的波长探测器，可应用于色彩敏感相机、电信领域等，用于测量入射光子束强度的光电探测系统，以及用于光谱学[196]。

　　Invisage Technologies Inc. 涉及图像传感器的技术包括 2010 年的 US8004057B2[197]与 2011 年的 US8513758B2[198]。US8004057B2 的图像传感器包括半导体衬底、多个像素区，以及位于相应像素区的电荷存储和对应像素区的光敏层之间的多个导电层，这些导电层提供不同波长入射光的选择性不透明屏蔽。US8513758B2 技术丰富，包含 90 项权利要求，共提出了 10 种传感器技术保护方案，技术核心是就光敏层上纳米晶体材料的不同特性，设计相应传感器的保护方案。

3. 第三阶段（US8803128B2→US9257582B2），半导体纳米晶体复合材料的改进

2011 年 Invisage Technologies Inc. 又转向半导体纳米晶体复合材料的研究。当年公布了一种复合材料，该复合材料包含半导体纳米晶体，以及钝化所述半导体纳米晶体表面的有机分子，该有机分子的一种或多种特性能够促进半导体纳米晶体之间的电荷转移。该专利还公布了一种包含半导体纳米晶体的 p-型半导体材料，该 p-型半导体材料中的电子迁移率大于或等于空穴迁移率。该专利公布了一种包含半导体纳米晶体的 n-型半导体材料以及一种基于所述半导体纳米晶体的光电探测器和光伏器件[199]。2014 年，该公司又发明了另一项密切关联的技术方案，该新技术进一步增加了复合材料内部半导体纳米晶体的密度，还增加了复合材料的稳定性[200]。

6.7　实证研究结果讨论

6.7.1　实证研究案例的代表意义

本章实证研究案例选取了石墨烯传感技术相关领域，这是因为该技术领域是一个具有一定代表性意义的新兴技术领域。本章实证研究案例有利于检验专利引用网络主路径分析多目标优化方法在新兴技术领域的应用效果。

已有研究发现，全球石墨烯相关专利研发活动的技术主题呈现出明显的 3 个阶段性特点[168]。

（1）2000～2009 年：集中在石墨烯制备方法的研究方面，主要包括碳化硅表面外延生长法、化学气相沉积法（chemical vapor deposition，CVD）研究，石墨烯纳米带的制备；石墨烯直接用作锂离子电池的负极或正极等领域。

（2）2010～2012 年：高质量石墨烯的制备技术研究仍然是研发重点；此外，对石墨烯的电子和光电子应用领域的研究成为这一时期新出现的技术热点。

（3）2013～2015 年：廉价、优质的石墨烯制备技术及装置、石墨烯在锂离子电池、光电材料中的应用仍是研究的热点，但侧重点有所不同。

图 6-12～图 6-14 采用专利景观图形式呈现了上述 3 个阶段的专利技术研发主题热点分布。

在本章实证研究案例中，"种子"专利样本数据的申请时间窗为 2000～2011 年，这段时期正是石墨烯制备方法研究日盛、光电子特性及其应用研究兴起的阶段。

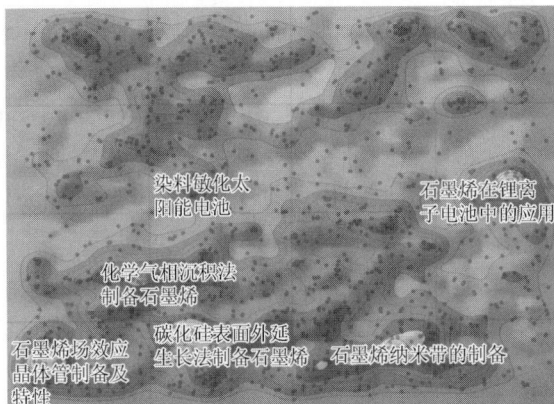

图 6-12　全球石墨烯专利技术主题分布（2000～2009 年）[168]

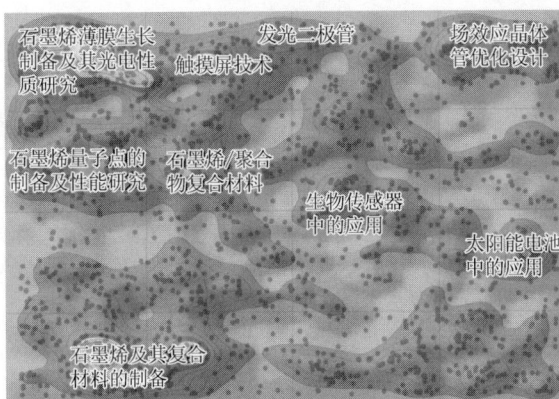

图 6-13　全球石墨烯专利技术主题分布（2010～2012 年）[168]

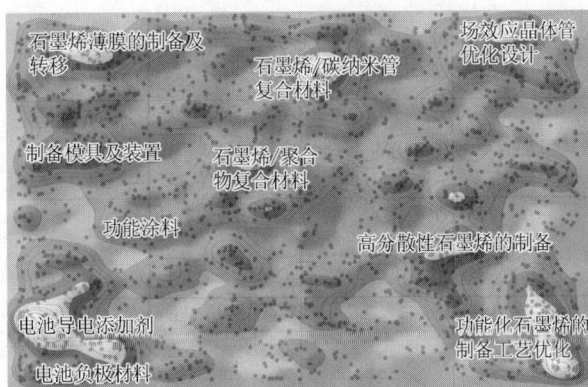

图 6-14　全球石墨烯专利技术主题分布（2013～2015 年）[168]

6.7.2　实证研究结果的参考意义

基于两个优化目标（带技术生命周期约束的路径连接性重要度目标、带引用动机约束的技术主题相似度目标）构建二维目标函数空间，将多目标优化主路径方法得到的 Pareto 最优解集映射在该二维目标函数空间中。

图 6-15 呈现的是石墨烯传感技术专利引用网络多目标 Pareto 最优近似解 Top 20 在二维目标函数空间中的映射分布。经过对各路径中专利节点内容的解读，发现这 20 条多目标 Pareto 最优主路径主要涉及 3 个专利技术演化主题。

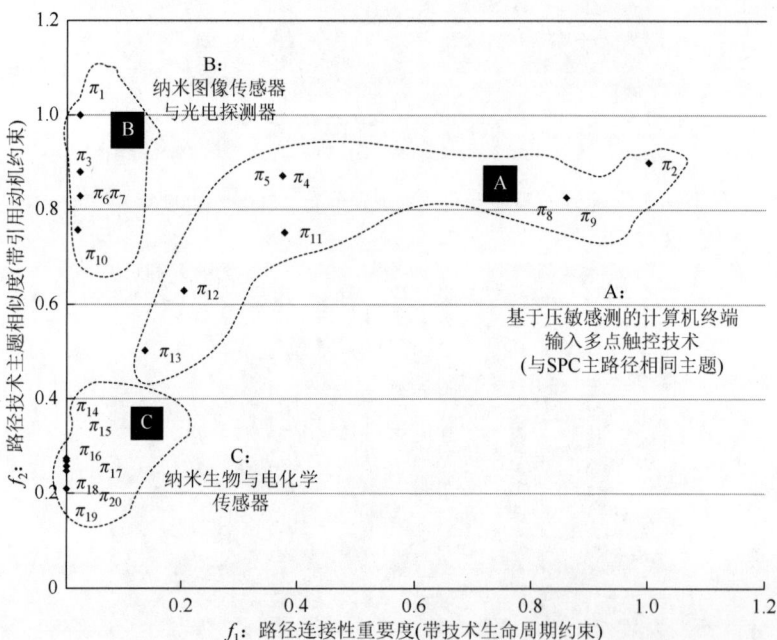

图 6-15　石墨烯传感技术专利引用网络多目标 Pareto 最优近似解 Top 20 在二维目标函数空间中的映射分布

这 20 条多目标 Pareto 最优主路径所揭示的技术演化内容，除了与 SPC 主路径相同的技术主题 A、与 Top 6 多目标 Pareto 最优主路径相同的技术演化主题 A 与 B，又新增加了一个技术演化主题 C——纳米生物与电化学传感器。这是一个在两个目标函数评价值方面的表现都不突出的技术演化主题（表 6-7）。从基本的评价标准取向、算法机理角度来看，由于 SPC 主路径法唯一强调了专利技术之间的引用强度，因此演化主题 B 和演化主题 C 都是采用 SPC 主路径法无法揭示出来的，这是 SPC 主路径算法本身固有的局限。

表 6-7　石墨烯传感技术专利引用网络多目标 Pareto 最优主路径 Top 20 演化主题

组	主路径	演化主题	特点
A	π_2、π_4、π_5、π_8、π_9、π_{11}、π_{12}、π_{13}	基于压敏感测的计算机终端输入多点触控技术	与 SPC 主路径相同主题
B	π_1、π_3、π_6、π_7、π_{10}	纳米图像传感器与光电探测器	与多目标 Pareto 最优主路径 Top 6 相同
C	π_{14}、π_{15}、π_{16}、π_{17}、π_{18}、π_{19}、π_{20}	纳米生物与电化学传感器	多目标 Pareto 最优主路径 Top 20 新增演化主题

　　本章实证研究的样本数据时间窗正是石墨烯制备方法研究日盛、光电子特性及其应用研究兴起的时期。SPC 主路径所揭示的演化主题 A 起源于压敏感测技术，在领域内属萌芽较早、发展相对成熟的技术主题。而对于演化主题 B 和 C，于该时期内在石墨烯技术领域尚属于新生技术主题热点，SPC 主路径方法对它们而言缺乏足够的灵敏度。相反，多目标优化主路径方法则能够及时地揭示出这些领域内萌生的新兴技术主题的演化动向。

6.8　本 章 小 结

　　本章选取具有新兴技术领域代表性特点的石墨烯传感技术领域，基于领域内相关专利引用活动建立起真实的专利引用网络，开展实证研究，分别采用得到普遍认可的优先算法 SPC 主路径方法、本书构建的多目标优化主路径方法获得专利引用网络主路径。主路径识别的主要步骤如下：①基于领域内专利引用关系建立了专利引用真实网络，这是一个小规模的有向复杂网络，简要分析了网络的拓扑属性特征，析取了网络的最大成分；②分别获取了该最大成分的 SPC 主路径、多目标优化主路径。其中，关于 SPC 主路径的获取，采用 Pajek 软件实现。关于多目标优化主路径获取，通过如下方式实现：①获取有关两个评价目标函数及其约束条件的网络连边特征参数，生成输入文件；②采用 MATLAB 作为程序开发平台，配置算法运行环境，设置算法运行参数；③采用第 4 章建立的专利引用网络主路径分析多目标优化模型、多目标进化算法进行运算，得到 Pareto 最优近似解集；④输出 Pareto 最优近似解集，从中选择符合决策偏好的多目标 Pareto 最优主路径，生成路径拓扑图。

　　在领域知识专家协助下，本章分别解析了两种方法主路径结果，分析比较了两种方法的特点及其应用效果。实证研究结果显示，多目标优化主路径方法应用于新兴技术领域的技术演化路径识别，具有良好的应用效果。

第 7 章　高温超导电缆技术专利引用网络主路径研究

本章以高温超导电缆技术领域的相关专利引用活动作为研究对象,建立真实的专利引用网络,应用本书构建的多目标优化专利引用网络主路径分析方法开展实证研究。同样,本章以 SPC 方法作为实验对照,分别采用 SPC 主路径方法、本书构建的多目标优化主路径方法,获取两种方法的专利引用网络主路径;在领域知识专家协助下,对比研究两种方法主路径分析结果的特征差异。

7.1　研究对象选择

智能电网是指以物理电网为基础,将现代先进的传感测量技术、通信技术、信息技术、计算机技术和控制技术与物理电网高度集成而形成的新型电网[201]。主要发达国家均在抓紧智能电网的建设工作。根据派克调查机构的报告,智能电网技术市场规模将从 2012 年的 330 亿美元增长到 2020 年的 730 亿美元。业内人士预计,未来我国智能电网年均投资达 350 亿元。智能电网的设备采购和更新会孕育出一个巨大的市场。

在打造智能电网的进程中,美国计划使用超导输电技术并非特高压输电技术,跨越四个时区将全国主要电网连接起来,以提高电网的安全性和电力调配能力[202]。高温超导电缆技术的传输损耗仅占输电量的 0.5%,约为常规电缆传输损耗的十分之一,同时输电容量可提高 3~5 倍,具有“传输容量大、损耗小、体积小、重量轻、无火灾隐患、无电磁辐射污染”等常规电缆无法比拟的诸多优点,是实现低损耗、高效率、大容量输电的有效途径[203]。近年来,各国均把高温超导电缆技术开发列为首选或主要项目,美国、中国、日本、丹麦、德国、韩国、意大利、法国等都在积极进行高温超导电缆的研究和开发[204]。预计到 2025 年,全球高温超导电缆市场价值将达 60 亿元。

2003 年 2 月,美国总统布什提出“Grid 2030”规划[205],该规划主要内容包括建成超导材料的骨干网架,将高温超导技术列为美国电力网络未来 30 年发展的关键技术之一[206]。美国能源部提出超导电力技术是 21 世纪电力工业唯一的高技术储备,所以大力推进高温超导电缆技术的发展,并在政策、资金上给予积极有力的支持。日本经济产业省于 2009 年 8 月 25 日称,将大力支持研发兼具通信功能的新一代电网——智能电网（Smart Grid）。日本新能源开发机构认为,发展高温超导技术是在 21 世纪国际高技术竞争中保持尖端优势的关键所在。在日本政府组织的新能源机构的协调下,有多家大公司、院校和科研院所从事高温超导电缆的开发研制。韩国政府于 2009 年 3 月 27 日宣布,在 2011 年前建立一个智能电网综合性试点项目。韩国政府制定了超导电缆研究的十年规划（2001~2010 年）,从超导带材到超导电缆,进行系统的大规模研究[207]。

高温超导电缆是高温超导技术的重要应用之一,它集超导材料、低温制冷、电力工程、电缆等多学科技术于一身，是 21 世纪电力传输的新材料，并以其特有的优势，开始在世界范围内应用。使用高温超导电缆损耗低、不用绝缘油、几乎不产生环境污染、使用方式灵活，可以降低电力运行成本。高温超导电缆在电力传输方面应用的关键取决于超导线材的发展程度，其基本要求包括超导材料的临界电流密度、可塑能力、可绕性。目前的高温超导材料指的是钇系（92K）、铋系（110K）、铊系（125K）和汞系（135K），以及 2001 年 1 月发现的新型超导体——二硼化镁（39K）。其中，能够应用于智能电网超导电缆的高温超导材料是铋系（Bi）和钇系（Y）。

目前我国已在高温超导技术方面获得重大突破，世界上首条传输电流最大、载流能力达 10kA 的高温超导电缆已在我国研制成功，这也是世界首条实现并网示范运行的高温超导直流电缆，标志着我国在大容量超导电缆研制方面再次取得新的突破，并在国际上处于领先地位。以中国科学院院士严陆光和中国工程院院士顾国彪等为首的专家咨询团认为，该高温超导电缆将对中国乃至世界超导电缆技术的发展起到很大的推动作用。

本章以高温超导线（带）材及电缆相关专利引用活动为例，建立专利引用网络，分别应用 SPC 主路径方法、本书构建的多目标优化主路径方法，获取两种方法的专利引用网络主路径，开展对比研究。

7.2　实证数据采集

7.2.1　数据源选取

本实证分析以科睿唯安的 Derwent Innovation 作为专利数据检索源。DI 相关情况见 6.2.1 节。

7.2.2　数据采集策略制定

分析对象数据集的构建思路与过程和第 6 章石墨烯传感技术领域研究案例相类似。首先，在领域知识专家协助下，确定与高温超导电缆技术主题高度相关的"种子"专利；然后，提取被这些"种子"专利所引用的在先被引专利、引用了这些"种子"专利的在后施引专利；将"种子"专利、被引专利、施引专利合并构成数据样本集合。

高温超导线（带）材及电缆技术专利申请最早出现于 1987 年。在高温超导材料的研发进程中，1986 年、1987 年是具有里程碑意义的年份。1986 年底，美国贝尔实验室研究出临界超导温度达到 40K 的氧化物超导材料，液氢的"温度壁垒"（40K）被跨越。1987 年 2 月，美国华裔科学家朱经武、中国科学院物理研究所赵忠贤相继在钇-铋-铜-氧系材料上把临界超导温度提高到 90K 以上，如 CN87100997.8[208]。20 世纪 80 年代在超导材料研究方面有突破性进展，但直至 20 世纪 90 年代中期以后专利申请量才出现明显增长。

考虑到专利自申请日至公布日之间存在一定时滞、在先专利公布之后被在后专利技术引用需要一定的技术与市场发展过程、在后施引行为的发生日至公布日也存在时滞，因此本书将"种子"专利的申请年检索范围限定为 1987~2009 年，以保障分析样本能够反映更丰富的专利引用信息。

同样，本章实证分析将研究对象数据限定为在美国申请并获得授权的专利，以避免不同国家（组织）的专利制度差异对数据分析研究可能造成的干扰。

数据检索策略详见附表 14。

7.2.3　数据样本集确立

根据附表 14 检索策略得到检索结果，经过判读内容相关性，从中筛选出美国专利 252 件，作为本实证研究的"种子"专利。

检索提取该 252 件"种子"专利所引用的在先被引美国专利，共计 1796 件。

检索提取引用该 252 件"种子"专利的在后施引美国专利，共计 880 件。

合并"种子"专利、在先被引专利、在后施引专利，一共得到 2667 件美国专利，作为本实证研究的数据分析样本集。

数据采集日：2016 年 12 月 10 日。

采用研究样本数据集构建示意图如图 7-1 所示。

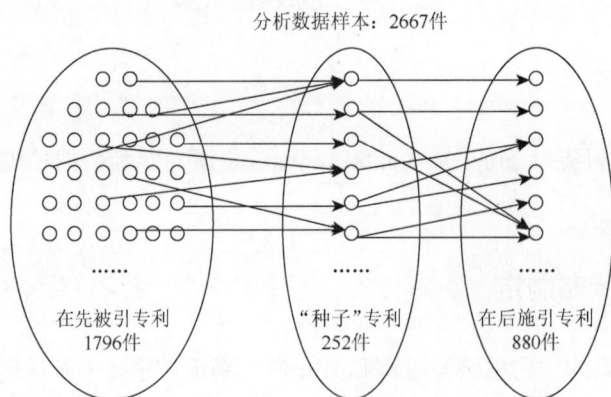

图 7-1　高温超导电缆技术实证研究样本数据集构建示意图

7.3　高温超导电缆技术专利引用网络构建

7.3.1　高温超导电缆技术专利引用关系获取

从 DI 中下载导出 2667 件美国专利数据记录，载入 DDA。构建 2667 件专利的互引关系矩阵，行代表为被引专利，列代表施引专利。

导出专利互引关系矩阵，进一步转换为表示专利间引用关系有向无环图 G 的邻接矩阵。设 $G = (V, E)$，V 代表有向无环图中的专利顶点，E 代表有向无环图中的专利引用关系。若 (V_i, V_j) 属于 E，则对应 G 的邻接矩阵中的元素 $A(i, j) = 1$，否则 $A(i, j) = 0$。

7.3.2 高温超导电缆技术专利引用网络可视化

为了形象直观地展示高温超导电缆技术领域专利引用网络，本书利用 Pajek 软件生成专利引用关系网络可视化图谱，如图 7-2 所示。其中，节点代表专利文献，有向弧代表专利间引用关系，从在先被引专利指向在后施引专利，有向弧方向用来表示专利引用视角的技术演进方向。

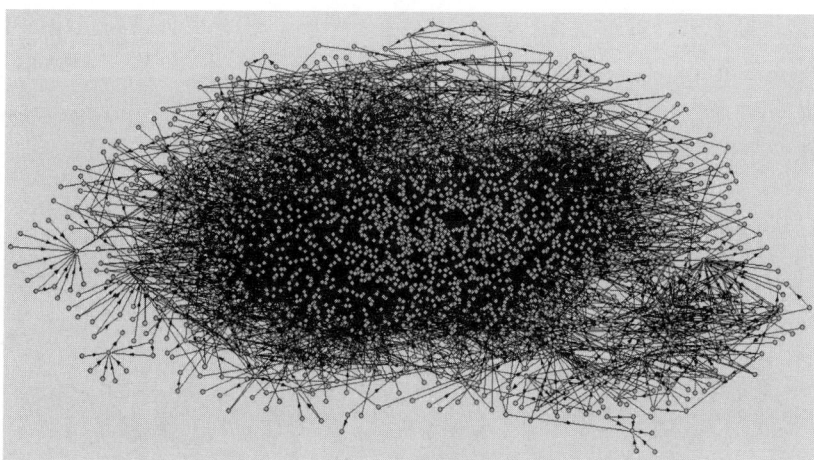

图 7-2　高温超导电缆技术领域专利引用关系网络可视化图谱

图 7-2 反映出，高温超导电缆技术专利引用网络共有 2571 个顶点（专利文献）、9710 条有向弧（引用关系）。网络拓扑结构的一些基本结构属性如表 7-1 所示。

表 7-1　高温超导电缆技术专利引用网络基本结构属性

指标	指标值
网络规模	2571
网络密度	0.0014695
中心势	0.06317
出度中心势	0.02461
入度中心势	0.12504

7.3.3 高温超导电缆技术专利引用网络最大连通子图

通过凝聚子群分析，发现网络中存在着 21 个"成分"，即 21 个相互可达的关联子图。其中，最大的"成分"包括 1854 个节点，占网络节点总数量的 72.1120%。各"成分"中的节点通过相互可达的路径连接；不同"成分"间又各自联通了网络中的其他节点，从而形成一些局部的关系密集性区域。高温超导电缆技术专利引用网络的 21 个"成分"的基本信息详见附表 15。

整体来看，该网络仍然呈现出局部紧密的结构特点。这种紧密性来自专利引用关系的密集性——72.1120%的节点分布在最大子群中，以网络最大"成分"为核心形成。因此，由最大子群连通的专利形成了专利引用网络中相对比较密集的区域，显示了最大"成分"连通的专利引用关系构成了该领域技术演化的主流、热点区域。

从整体网络中析出最大连通子图，发现最大连通子图的网络结构的相对密集性更为明显（图 7-3）。接下来，本章实证将基于最大连通子图，进一步研究高温超导电缆技术的专利引用网络主路径。

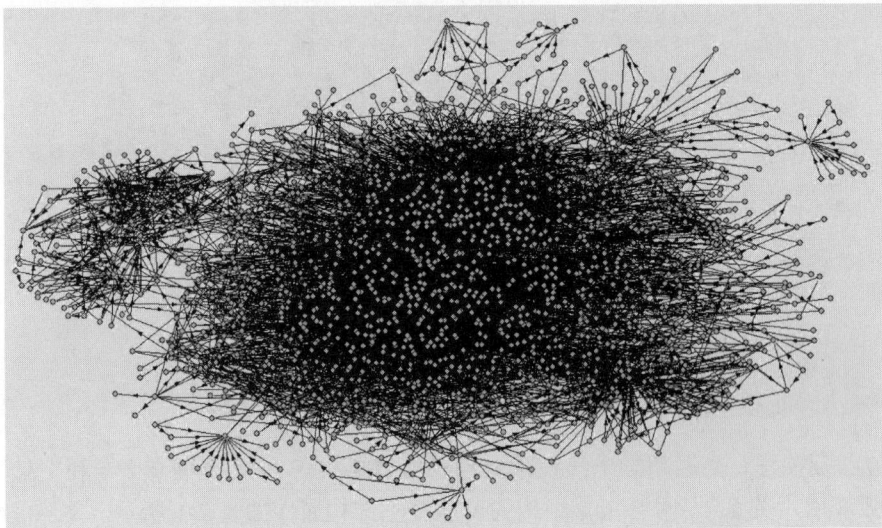

图 7-3　高温超导电缆技术领域专利引用网络最大连通子图

7.4　高温超导电缆技术专利引用网络 SPC 主路径分析

7.4.1　高温超导电缆技术专利引用网络 SPC 主路径识别

利用 Pajek 软件，采用 SPC 主路径法，提取出高温超导电缆技术专利引用网络的 SPC 主路径，如图 7-4 所示。

从图中可以看出，SPC 主路径法得到的技术演化主路径共有 1 个源点（US4171464A）、3 个汇点（US7910521B2、US8008233B2、US8734536B2），一共涉及 16 个专利节点。在 2007 年以前，技术发展一直沿着一条主干路径演进（前 13 个专利节点），直至在第 13 件专利技术（US7737086B2）后出现技术分化，分别演进到前述 3 个汇点，技术演进萌生出分化趋势。16 件专利的基本信息详见附表 16。

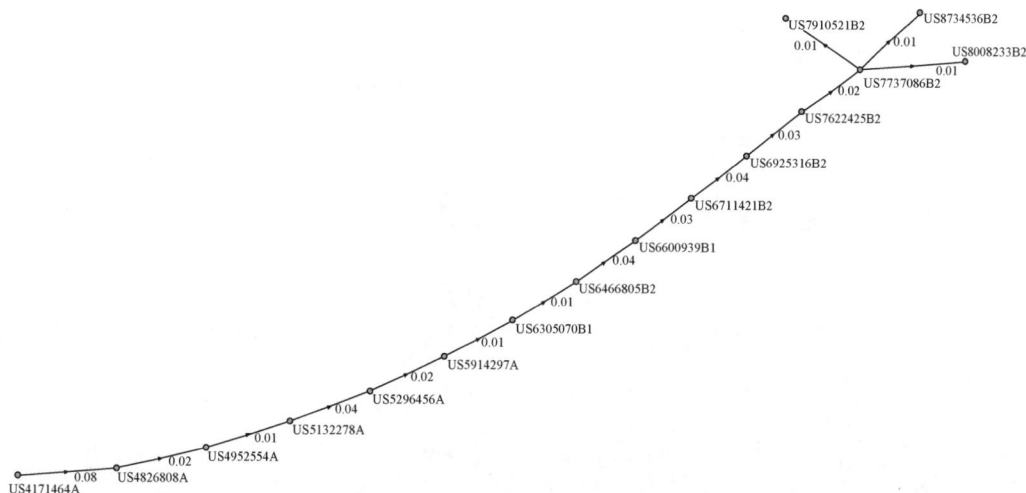

图 7-4　高温超导电缆技术专利引用网络 SPC 主路径

7.4.2　高温超导电缆技术专利引用网络 SPC 主路径进程解析

根据 SPC 主路径法提取的 3 条主路径，也是该技术领域专利引用网络的最长关键主路径（critical path）（图 7-4）。

从路径中专利节点的内容来看，高温超导电缆技术领域专利引用 SPC 关键主路径可划分为 4 个主要阶段，从材料技术相关基础、关键复合材料（线材、带材）制备，到元器件制备，再到相关的实时监测技术。

在领域知识专家协助下，对路径演化进程进行了具体解析。技术演化进程的主要阶段性特征如图 7-5 所示，这里简要总结归纳如下。

1. 第一阶段（US4171464A），低温超导材料技术提供了演化基础

此专利技术本质上属于低温超导材料领域，属于高温超导材料兴起的"史前"阶段，为后续技术发展提供了相关技术基础与前提。这是美国能源部于 1977 年提出的申请，涉及一种高比热超导复合材料，能够吸收由传导故障产生的热量。在超导丝中产生的热量被稳定剂内的高比热陶瓷材料迅速吸收，使温度得以衰减，从而抑制失控超温，降低了失控循环超温的可能性[209]。

2. 第二阶段（US4826808A→US6711421B2），高温超导复合材料（线材、带材）制备技术的演进

首件申请（US4826808A）由麻省理工学院于 1987 年 3 月 27 日在美国提出，涉及高温超导技术领域比较重要的一次技术改进。该专利技术代表着超导氧化金属复合物中良好的贵金属与超导氧化物紧密混合，从而达到所要求的机械性能，为后继高温超导复合材料的广泛应用提供了"硬件技术"[210]。

此后一个时期，领域内多种新技术同步发展，主要表现为：①粉末套管法受到重视，

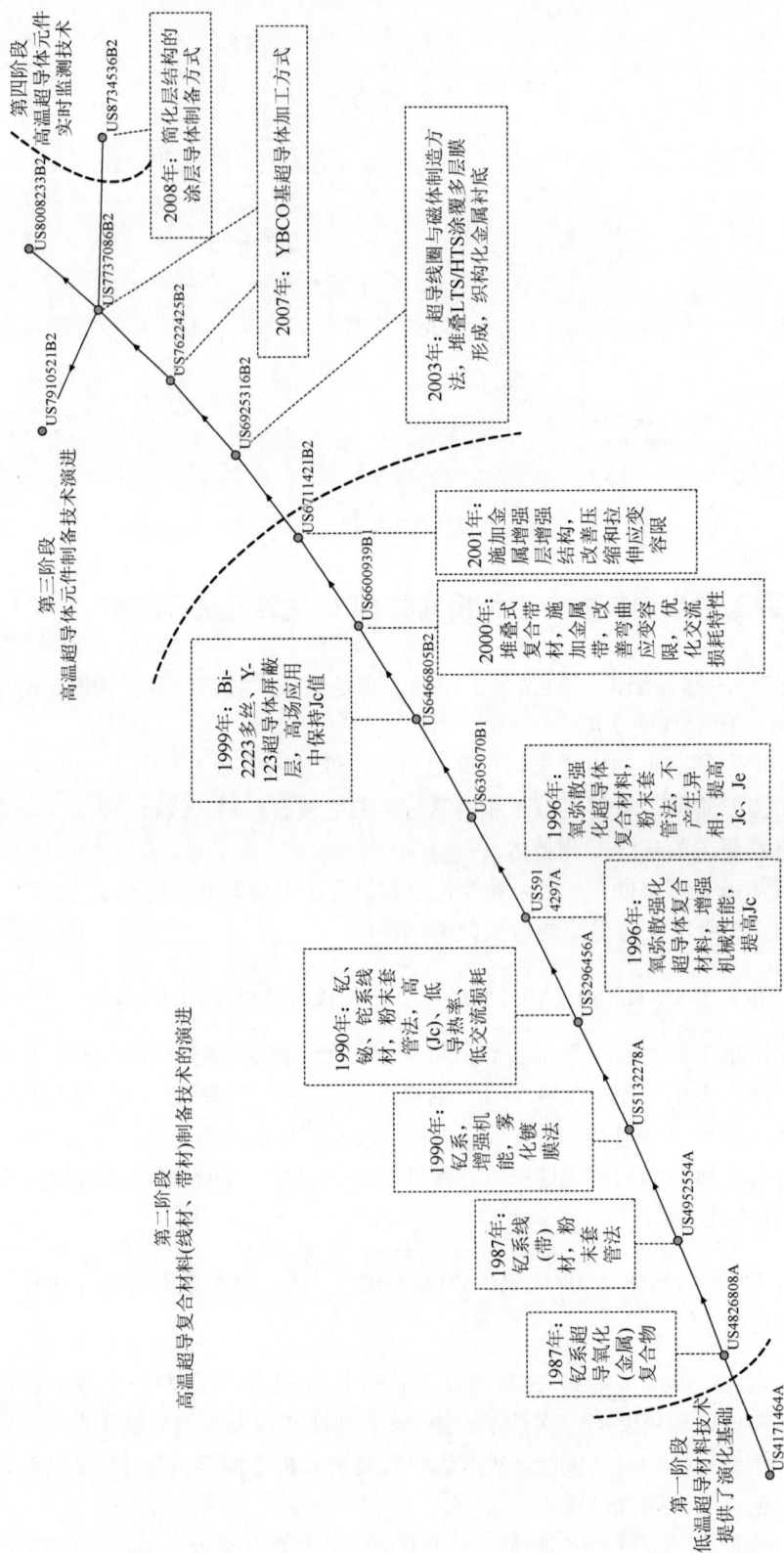

图 7-5　高温超导电缆技术专利引用网络 SPC 关键主路径进程解析

AT&T 贝尔实验室[211]、日本古河电气工业株式会社[212]、美国超导公司[213]的技术都涉及此方法的直接改进，或者由其生产得到更新性能的超导材料；②通过采用新的氧化物提高超导材料的强度或机械韧性，如美国超导公司[214]、AT&T 贝尔实验室[211]、先进技术材料有限公司[215]；③提高超导体的通电性能，如美国超导公司提高临界电流密度（Jc）[213]、芝加哥大学提高与保持导体的临界电流密度（Jc）和工程电流密度（Je）性能[216]、金属制品有限公司优化超导带材的交流损耗特性[217]、通用电气公司增强超导带具有改善的压缩和拉伸应变容限[218]。

3. 第三阶段（US6925316B2→US8008233B2），高温超导体元件制备技术演进

高温超导体元件制备是从磁体与线圈产品开始，并且这一阶段的技术主要以元件制备方法改进为主导，体现出通过加工的创新促进产品性能改善的发展特点。2005 年公开了一种涉及由具有高临界磁场和高临界电流密度的超导材料叠层膜形成的磁体和线圈，以及一种堆叠低温超导体/高温超导体（LTS/HTS）涂覆的导体形成超导磁体的方法，使得具有薄性、柔性、导电性、织构化金属衬底的 LTS/HTS 涂覆的导体代替了具有厚度、刚性的结晶衬底。织构化金属衬底不仅更薄、柔性、更容易制造，而且还明显更便宜，因此最终应用更经济可行[219]。尼克桑斯公司提供了可按照与传统线状导体同样的加工方式来制备超导性电导体的方法，不再要求导体弯曲时具有特殊的方向，因此特别适用于制造电机和磁体的绕组[220]。该公司还针对 YBCO（钇钡铜氧）基超导体的加工方式继续进行改进[221]。此外还有针对具有简化层结构的涂层导体的制备技术，对缓冲层质量的要求限制较少，有助于提升经济效率，并且便于涂覆大长度基材[222, 223]。

4. 第四阶段（US8734536B2），高温超导体元件实时监测技术

第一太阳能公司在 2014 年率先将高温超导体元件应用于实时监测技术。专利 US8734536B2 提供了一种温度调节光谱仪，用于监测衬底上的薄膜沉积过程。该专利涉及沉积材料的分析技术，确保以高灵敏度和精确度对薄膜沉积过程进行简单有效的实时监测[224]。

7.5　高温超导电缆技术专利引用网络多目标优化主路径分析

7.5.1　评价目标函数相关数据获取

1. 获取网络基本属性信息

对于 7.3.3 节中得到的高温超导电缆技术专利引用网络最大连通子图，利用 Pajek 软件分析其网络基本属性信息，包括 1854 个节点的标签信息（专利号）与网络节点坐标信息、6764 条引用关系有向弧信息。

网络基本属性信息详见附表 17。

2. 计算目标函数一评价参数：路径连接性重要度 ω_{ij}

路径连接性重要度 ω_{ij} 基于网络连边的搜索路径统计数（SPC）来度量。计算依据详见式（5-21）。

用 Pajek 软件计算得到最大连通子图网络中 6764 条引用弧的 SPC。计算结果整理情况详见附表 18。

3. 计算目标函数一约束条件参数：技术生命周期修正系数 O_{ij}

根据 4.1.3 节研究结论，利用 Logistic 模型拟合出高温超导电缆技术领域的专利技术生命周期模型，求取技术生命周期修正系数，用以修正高温超导电缆技术专利引用网络连边的遍历权重值，反映高温超导电缆专利技术（产品）的技术成熟趋势对引用网络路径重要性带来的动态影响。

将高温超导电缆技术主题高度相关的 252 件美国"种子"专利，以及各"种子"专利的前向、后向引用美国专利，合并作为 Logistic 模型拟合的数据样本集合，形成数据样本集合，包含 12174 件美国专利。

按申请年进行分组，12174 件美国专利涉及的申请年为 1961～2015 年，由此得到 55 组专利。对于每组专利，统计从申请年起至今的历年被引用频次，这样得到 55 组专利前向引用趋势变化数据。为避免专利制度规定的专利文献公布周期对数据分析研究结果带来的时间滞后性影响，这里选择了 1961～2010 年申请的 50 组专利的被引频次变化数据，作为本章实证分析的观测样本值。这 50 组专利自申请年起直至 2013 年的历年累计被引频次统计量示例详见附表 19。

按每 5 年期分组，将 1961～2010 年的观测值分为 10 组，比较每组的观测值累计量变化趋势。经比较选取观测数据的中段 30 年（1971～2000 年），以该 30 年的观测值之和作为实验变量（表 7-2），包含专利数量 9139 件、总被引频次 392528，用以开展高温超导电缆领域的专利技术生命周期模型拟合分析，以便更好地反映领域技术生长的稳态特点。

表 7-2 高温超导电缆技术专利累计被引频次（1971～2000 年）

专利年龄（t）/年	累计被引频次（Y）/次	专利年龄（t）/年	累计被引频次（Y）/次
1	1363	10	131395
2	6806	11	149156
3	16991	12	166776
4	30635	13	184289
5	45955	14	201901
6	60817	15	219409
7	79432	16	236446
8	96658	17	253150
9	114124	—	—

运用 SPSS 19.0 软件对表 7-2 中的实验变量数据进行 Logistic 模型拟合分析。基于表 7-2 观测值情况，通过尝试法，设定模型 L 取值为 275000。

选择曲线回归（curve estimation regression）功能，按提示输入 $Y(t)$ 作为因变量、t 作为自变量，选择 Logistic 模型，键入最大值参数 L 的估计值，选择进行方差分析并输出检验结果。

执行设定程序。实验拟合结果为：$L = 275000$，$b_0 = 0.000$，$b_1 = 0.680$，则有：$b = \ln b_1 = 0.3857$，$\alpha = L \times b_0 = 0$，$G(\Delta t) = \dfrac{L}{1 + \alpha \cdot e^{-b \times \Delta t}} = \dfrac{275000}{1 + 0 \times e^{0.3857 \times \Delta t}}$，$R^2 = 0.933$。

进一步地，推导出被引专利 i 与施引专利 j 的引用弧 C_{ij} 的连通性重要度 SPC 的技术生命周期修正系数 O_{ij} 为

$$O_{ij} = \frac{1}{1 + e^{-b \times \Delta t}} = \frac{1}{1 + e^{-0.3857 \times (T_j - T_i)}} \qquad (i, j = 1, 2, \cdots, n; i < j)$$

因此，计算得到最大连通子图网络中 6764 条引用弧的技术生命周期修正系数。计算依据详见式（5-22）、式（5-23）。计算结果详见附表 20。

4. 计算目标函数二评价参数：技术主题相似度 sim_{ij}

抽取每篇专利文献被赋予的 IPC 小组代码作为该篇专利文献的技术主题特征项。对 IPC 小组代码降维，生成 IPC 小类代码（即 4 位 IPC 分类号）主题特征项，并且以 IPC 小类代码在该篇专利文献中的出现频次作为该特征项的加权。由此，每篇专利文献的技术主题表示成为基于 IPC 小类代码的主题概率向量。

1854 个专利节点代表的专利文献，共涉及 232 个 IPC 小类代码特征项。进一步地，建立起 1854 个专利节点与 232 个 IPC 小类代码特征项的关联矩阵，详见附表 21。

采用欧氏距离计算模型，计算每两个专利节点之间的欧氏距离。计算依据详见式（5-27）。计算结果详见附表 22。

由于欧氏距离取值范围较大，且距离越小表示对象越接近，因此对专利节点的欧氏距离结果进行归一化处理，得到取值在[0,1]的技术主题相似度矩阵。计算依据详见式（5-26）。计算结果详见附表 23。

5. 计算目标函数二约束条件参数：引用动机类型修正系数 r_{ij}

根据 Derwent Innovation 中"引用的参考文献详细信息——专利"著录项提供的专利引用来源信息（表 6-2、表 6-3），本章实证研究对高温超导电缆技术专利引用网络最大子团的 6764 对专利引用关系，逐一辨识了各自的施引行为主体，判断区分了引用行为动机。

辨识过程通过编程实现（6.5.1 节）。对于少量因数据库著录项缺失导致程序无法辨识的数据，逐一进行人工核查与补充，由此完成了 6764 对专利引用关系类型的辨识。

之后，将 6764 对专利引用关系类型归纳为 3 种类型：发明人自引、审查员引用、发明人他引。根据式（5-29）对每对引用关系赋予相应的引用动机类型修正系数，得到 6764 条专利引用关系弧的引用动机类型修正系数。计算结果详见附表 24。

7.5.2 计算流程

算法运行环境、算法参数设置同石墨烯传感技术领域研究案例（详见 6.5.2 节、6.5.3 节）。模型要求的输入数据如表 7-3 所示。

表 7-3 高温超导电缆技术专利引用网络主路径多目标优化模型输入数据

文档名称	内容
HTS-Network.xlsx	专利引用有向网络
HTS-Obj1-Wij.xlsx	专利引用路径的连接性重要度
HTS-Obj1-Oij.xlsx	专利引用路径的技术生命周期修正系数
HTS-Obj2-SIMij.xlsx	专利技术的主题相似度
HTS-Obj2-Rij.xlsx	专利引用路径的引用动机类型修正系数

本实证研究从高温超导电缆技术专利引用网络最大连通子图的所有源点与汇点对中，解析出所有可达引用路径共 574 条，将其作为初始种群。应用第 5 章建立的专利引用网络主路径分析多目标优化模型、基于超体积指标函数方法的多目标局部搜索算法程序，运算得到 Pareto 最优近似解集，生成输出文件。

输出的 Pareto 非劣解结果详见附表 25。其中，$f_1(x)$ 代表非劣解的目标函数一评价值，$f_2(x)$ 代表非劣解的目标函数二评价值，fitness 代表非劣解的适应值，path 代表该非劣解对应的专利引用路径节点序列。

7.5.3 专利引用网络多目标 Pareto 最优主路径

将运算得到的 Pareto 最优近似解集按照适应值的降序排列，根据决策需求，筛选专利引用网络最优主路径。表 7-4 是高温超导电缆技术专利引用网络多目标 Pareto 最优近似解集中的前 20 个解（Top 20）代表的主路径情况。

表 7-4 高温超导电缆技术专利引用网络多目标 Pareto 最优主路径 Top 20

序次 (ID)	适应值 (fitness)	Pareto 最优近似解（π_{ID}）
1	1687.84	US3600498A→US4195199A→US4395584A→US4857675A→US5132278A→US5296456A→US5914297A→US6305070B1→US6466805B2→US6600939B1→US6711421B2→US6925316B2→US7622425B2→US7737086B2→US7910521B2
2	1599.59	US4594218A→US4965249A→US5132278A→US5296456A→US5914297A→US6305070B1→US6466805B2→US6600939B1→US6711421B2→US6925316B2→US7622425B2→US7737086B2→US7910521B2
3	1568.31	US4954479A→US5132278A→US5296456A→US5914297A→US6305070B1→US6466805B2→US6600939B1→US6711421B2→US6925316B2→US7622425B2→US7737086B2→US7910521B2
4	1568.31	US4970197A→US5132278A→US5296456A→US5914297A→US6305070B1→US6466805B2→US6600939B1→US6711421B2→US6925316B2→US7622425B2→US7737086B2→US7910521B2
5	1568.31	US4980964A→US5132278A→US5296456A→US5914297A→US6305070B1→US6466805B2→US6600939B1→US6711421B2→US6925316B2→US7622425B2→US7737086B2→US7910521B2
6	1497.29	US4171464A→US4826808A→US4952554A→US5132278A→US5296456A→US5914297A→US6305070B1→US6466805B2→US6600939B1→US6711421B2→US6925316B2→US7622425B2→US7737086B2→US7910521B2
7	1486.01	US3595982A→US3749811A→US4039740A→US4394534A→US4977039A→US5506198A→US5777420A→US6066906A→US6169353B1→US6617714B2→US6794970B2→US7365271B2→US8030246B2→US8263531B2

序次 （ID）	适应值 （fitness）	Pareto 最优近似解（π_{ID}）
8	1486.01	US3612742A→US3749811A→US4039740A→US4394534A→US4977039A→US5506198A→US5777420A→US6066906A→US6169353B1→US6617714B2→US6794970B2→US7365271B2→US8030246B2→US8263531B2
9	1477.12	US4377032A→US5132278A→US5296456A→US5914297A→US6305070B1→US6466805B2→US6600939B1→US6711421B2→US6925316B2→US7622425B2→US7737086B2→US7910521B2
10	1438.23	US3502783A→US4845308A→US5132278A→US5296456A→US5914297A→US6305070B1→US6466805B2→US6600939B1→US6711421B2→US6925316B2→US7622425B2→US7737086B2→US7910521B2
11	1408.84	US3325888A→US4952554A→US5132278A→US5296456A→US5914297A→US6305070B1→US6466805B2→US6600939B1→US6711421B2→US6925316B2→US7622425B2→US7737086B2→US7910521B2
12	1399.73	US3946141A→US4845308A→US5132278A→US5296456A→US5914297A→US6305070B1→US6466805B2→US6600939B1→US6711421B2→US6925316B2→US7622425B2→US7737086B2→US7910521B2
13	1333.59	US5004722A→US5550103A→US5914297A→US6305070B1→US6466805B2→US6600939B1→US6711421B2→US6925316B2→US7622425B2→US7737086B2→US7910521B2
14	1251.30	US3562401A→US4039740A→US4394534A→US4977039A→US5506198A→US5777420A→US6066906A→US6169353B1→US6617714B2→US6794970B2→US7365271B2→US8030246B2→US8263531B2
15	1118.92	US5075285A→US5384307A→US5914297A→US6305070B1→US6466805B2→US6600939B1→US6711421B2→US6925316B2→US7622425B2→US7737086B2→US7910521B2
16	1103.37	US3763552A→US4101731A→US5100865A→US5208215A→US6055446A→US6756139B2→US6933065B2→US7727934B2→US8574728B2→US9017809B2→US9427808B2
17	1103.37	US3983521A→US4101731A→US5100865A→US5208215A→US6055446A→US6756139B2→US6933065B2→US7727934B2→US8574728B2→US9017809B2→US9427808B2
18	1016.58	US3643002A→US4394534A→US4977039A→US5506198A→US5777420A→US6066906A→US6169353B1→US6617714B2→US6794970B2→US7365271B2→US8030246B2→US8263531B2
19	971.97	US4336420A→US5087604A→US5232908A→US5908812A→US6466805B2→US6600939B1→US6711421B2→US6925316B2→US7622425B2→US7737086B2→US7910521B2
20	930.05	US3243871A→US3665595A→US3813764A→US5506198A→US5777420A→US6066906A→US6169353B1→US6617714B2→US6794970B2→US7365271B2→US8030246B2→US8263531B2

　　Top10 最优解所代表的 10 条多目标 Pareto 最优主路径共涉及 41 个专利节点，详见附表 26。41 个专利节点中，有 27 个节点是在 SPC 主路径中未曾出现过的新增节点。

　　提取多目标优化方法得到的 Pareto 最优近似解 Top 10，抽取它们所代表的 10 条多目标 Pareto 最优主路径（详见表 7-4 中 $\pi_1 \sim \pi_{10}$）。经对比发现，10 条多目标 Pareto 最优主路径中，路径 $\pi_1 \sim \pi_6$、π_9、π_{10} 的技术演化主题与 SPC 主路径技术演化主题相同，主要专利节点及演化进程与 SPC 主路径基本一致。路径 π_7、π_8 则是多目标优化方法识别出的不同于 SPC 方法结果的新的技术主题演化路径。

　　这 10 条多目标 Pareto 最优主路径的拓扑结构如图 7-6 所示。图 7-6 明显呈现出两个不同的技术演化主路径簇。

1. Pareto 最优主路径簇 1

　　图 7-6 中左侧虚线框内示意的技术演化主路径簇 1，是与 SPC 主路径的技术主题相同的演化主路径——高温超导复合材料（线材、带材）制备。技术演化进程的主体段与 SPC 主路径发展轨迹完全相同（US5132278A→US7910521B2）。

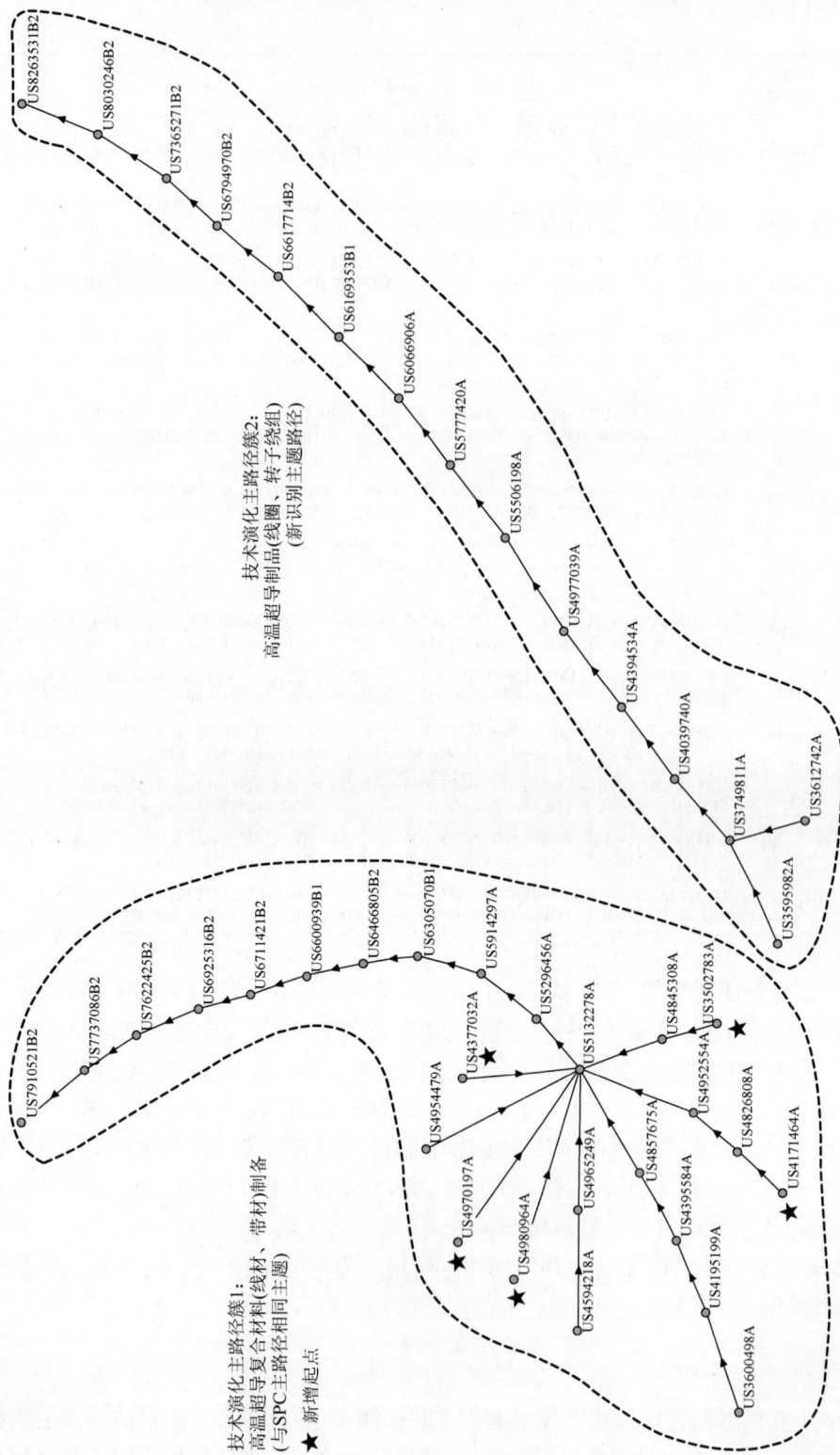

图 7-6 高温超导电缆技术专利引用网络多目标 Pareto 最优主路径 Top 10

2. Pareto 最优主路径簇 2

图 7-6 中右侧虚线框内示意的技术演化主路径簇 2，是多目标优化主路径方法识别出的新增技术主题的演化主路径（US3595982A→US8263531B2），共含有 15 个专利技术节点，是关于高温超导制品（线圈、转子绕组）的结构、性能的改进及其应用的技术演化轨迹。

7.6　两种方法主路径结果对比

7.6.1　与 SPC 主路径相同主题的多目标 Pareto 最优主路径解析

提取专利引用网络主路径多目标优化方法运算得到的 Pareto 最优近似解 Top 3，抽取它们所代表的 3 条多目标 Pareto 最优主路径（详见表 7-4 中 $\pi_1 \sim \pi_3$）。这 3 条多目标 Pareto 最优主路径的拓扑结构如图 7-7 所示。

经咨询领域知识专家，多目标 Pareto 最优主路径 Top 3（图 7-7）的技术演化主题与 SPC 关键主路径 Top 3（图 7-5）的技术主题相同，都是关于高温超导复合材料（线材、带材）及元件技术的演化。两种方法得到的 Top 3 主路径簇中有 11 个专利节点及其引用进程完全相同，显示两种方法识别出的技术演化结构与进展主体相同（US5132278A→US7910521B2）。两种方法得到的演化路径的差异主要体现在演化路径的技术起点部分和终止部分。

（1）多目标优化主路径，将技术演化路径起点从 SPC 主路径的 1977 年"高比热低温超导复合材料技术"（US4171464A）向前推衍到了 1969 年的"低温超导电缆技术"（US3600498A），该电缆具有一对或多对彼此电绝缘的导电层，并且由以螺旋形式布置在导电层的相对表面上的多个超导体组成。

（2）多目标优化主路径呈现出的技术演化初期阶段（US3600498A→US4965249A），在技术起源时期，揭示了低温超导电缆、超导绞线的结构特点、制备工艺，此后进入 1988 年，钇系超导绞线结构（US4954479A）、钇系超导线的制备工艺（US4965249A）揭示了后续沿着钇系复合材料、线材、带材技术方向演化进展的技术基础。而 SPC 主路径的演化初期阶段（US4171464A→US4952554A），对于技术基础的揭示相对较单薄。

（3）多目标优化主路径的技术演化进程目前终止于 US7910521B2（一种具有简化层结构的涂层导体），去掉了 SPC 主路径的两个节点：①US8008233B2，这是与 US7910521B2 高度相似的同案申请；②US8734536B2，关于沉积过程的实时监测技术。

通过咨询领域知识专家意见，综合来看，对该相同技术主题的演化进程的揭示情况进行对比可以认为：多目标优化主路径与 SPC 主路径相比，揭示的技术演化起源更早，技术基础信息更丰富，更加强调专利演化进程中技术与技术之间的内容关联性。

7.6.2　比 SPC 主路径新增技术演化主题的 Pareto 最优主路径解析

从专利内容来看，该技术主题的演化进程主要包括两个阶段：首先是技术基础与发

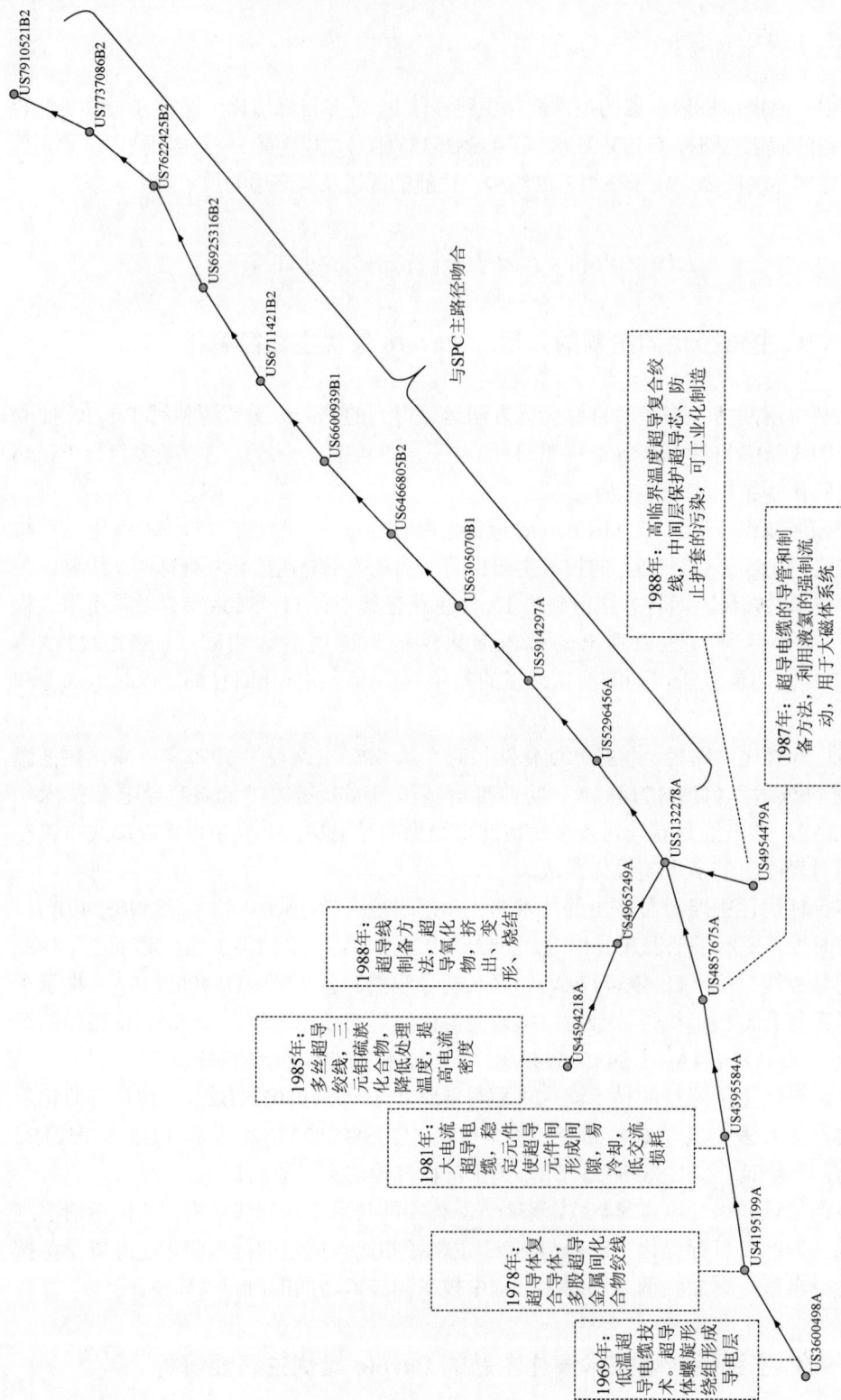

图 7-7 高温超导电缆技术专利引用网络多目标 Pareto 最优主路径 Top 3

展起源阶段，主要是低温超导电缆结构改进技术；然后是高温超导线圈与转子技术发展阶段。

在领域知识专家协助下，本书对路径演化进程进行了具体解析。技术演化进程的主要阶段性特征如图 7-8 所示。

1. 第一阶段（US3595982A→US4977039A），低温超导电缆的结构改进，重点关注提升电缆的冷却性能

此阶段，对电缆冷却性能的提升主要表现为两条技术途径。

（1）采用介质冷却。西门子公司在 1968 年首先采用氦作为冷却介质，生产出一种以氦作为冷却介质以及绝缘介质的超导电缆，该电缆的优势在于能够降低介电损耗，并且在不影响电绝缘效果的情况下进行蒸发冷却[225]。日本古河电气工业株式会社于 1975 年提供了一种电绝缘层包括浸渍绝缘液体的绝缘纸或塑料薄膜，并且采用低温冷却介质将温度保持在 $-100\sim-40℃$，对交流电（alternating current，AC）击穿电压和脉冲击穿电压都有较大改善[226]。

（2）通过优化结构提高冷却性能。属于此发展路径的技术有：Gulf Oil 公司的将两个超导体同轴设置并且绝缘分开的电缆结构，有助于消散热瞬变[227]；西门子公司提供的同轴结构超导交流电缆[228]、Electric Power Research Institute 的同轴低温电缆在内部导体和实心聚合物导体之间设置可收缩间隔件从而使由收缩引起的绝缘应力最小化[229]；1990 年 US4977039A 的超导线与电缆通过增加绝缘体膜下层与热导体膜上层的层压结构改善耐热变形性和抗扭转变形性[230]。

2. 第二阶段（US5506198A→US8263531B2），高温超导线圈、转子绕组的结构、性能改进及其在旋转机械中的应用

这一阶段分别涉及高温超导体在机械产品中三个组件层次的应用：高温超导线圈、转子绕组、旋转电机。但在这三个层次中的应用并非沿时间进程依序发展，而是表现出了一种先循序后交叉的技术演进特征。

首先是第一轮的循序创新，下述三件专利技术可以代表从线圈、转子到电机的第一轮技术改进。日本住友电工于 1994 年提出的一种双饼线圈型高温超导体绕组可以抑制在贯通部分中产生剪切应力，从而防止临界电流密度降低[231]。此后，美国超导体公司于 1996 年提出了一种超导同步电机构造，具体涉及一种用于超导电动机内的转子组件。该转子组件具有保护芯构件的内部支撑结构，降低了磁性芯体部件的断裂风险，同时可以在不牺牲性能的情况下缩小结构尺寸，并且仍保证增大由超导转子绕组产生的磁场[232]。此后，该公司于 1999 年提出一种超导电机及其相关结构，通过改进旋转机械的电损耗、重量和体积，该超导电机的总体效率和可靠性增强，比常规等效旋转电机更小、更轻，并且这种结构使安装、改装都得以简化且成本更低[233]。

在此之后，高温超导体在这三者中的应用技术呈现一种交互促进的特征，包括同时涉及具有超导线圈的转子及旋转机械制造层面的新方法，提升了线圈应对热、电和离心负载可能引起的结构性损坏的性能[234]；一种铁芯转子所支撑的高温超导线圈，其磁芯具有高磁导率，导致磁动势减小，并且使线圈绕组所需的线最少，从而减小机械的重量、

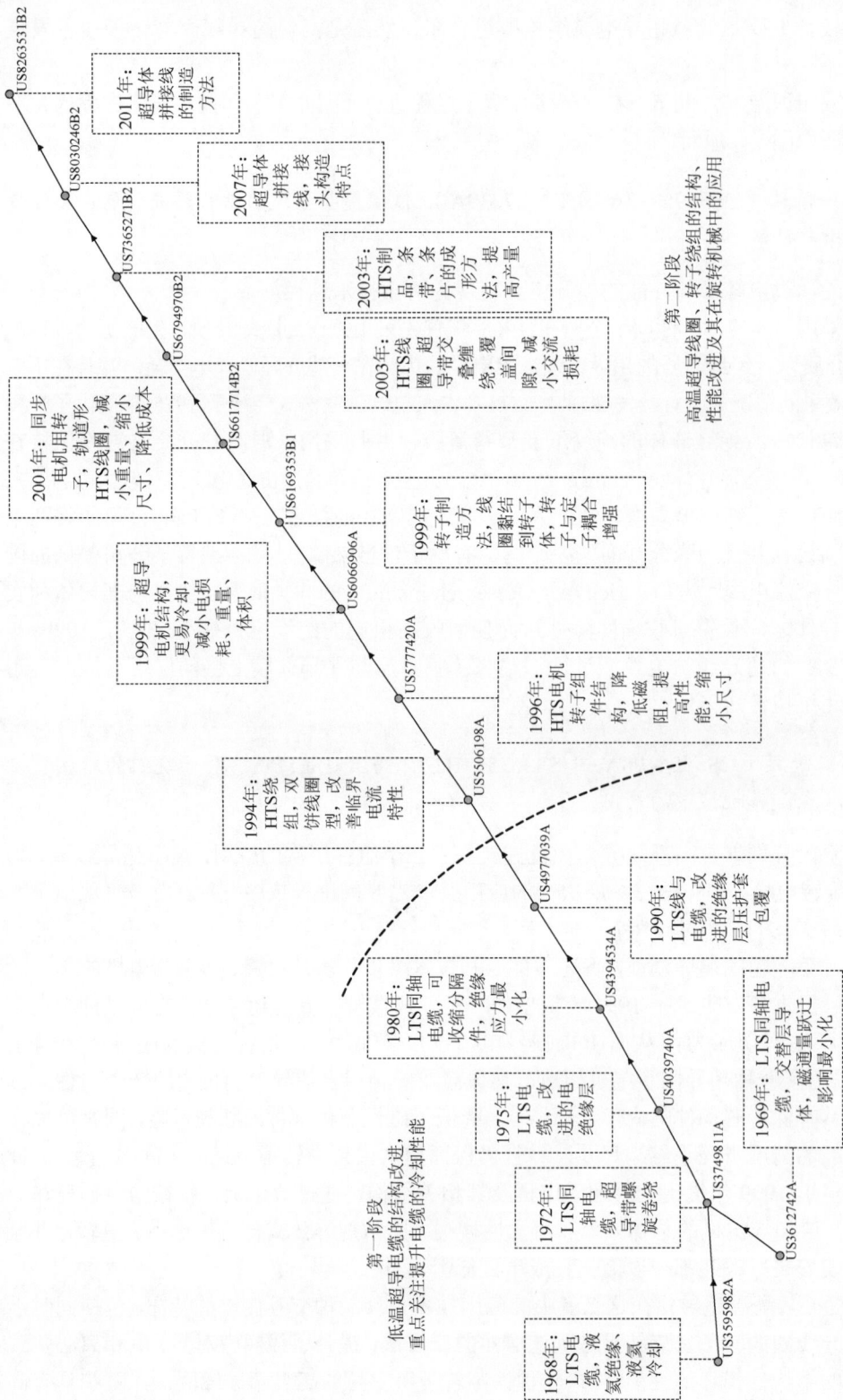

图 7-8 高温超导电缆技术专利引用网络多目标 Pareto 最优主路径进程解析（主题二）

尺寸和成本[235]；一种低交流（AC）损耗超导线圈，能够最小化由存在局部自场垂直分量引起的 AC 损耗，因此能够提供自生 AC 损耗最小化的超导器件[236]；具有涂层导体形式的超导体制品以及与其相结合的设备，得到的高温超导条带的 AC 损耗低，尤其适合在 AC 损耗衰减很大的部件中使用[237]；一种层压、拼接的超导体线，新颖性在于所提出的超导体接头可以在超导线之间提供低电阻通路和机械稳定性，且不会破坏超导线之间的电连接，从而实现超导线的拼接[238, 239]。

与多目标 Pareto 最优主路径 Top 3（图 7-7）相比，多目标 Pareto 最优主路径 Top 10 新增了 5 个不同的技术演化起点：US3502783A（低温多相电缆）、US4171464A（高比热超导复合材料）、US4377032A（超导电缆，通过焊接接触点间间隙的介质流来冷却导线）、US4970197A（氧化物超导体）、US4980964A（具有金属管的陶瓷超导线）。这些新增的技术路径起点丰富了高温超导电缆领域的技术演化起源信息，更充分地反映了领域发展的技术基础。

对比主路径的拓扑结构（图 7-6、图 7-7）可以看出，将多目标 Pareto 最优主路径数量由 Top 3 扩充到 Top 10，更清晰地反映出 US5132278A（一种超导复合制品及其制备方法）在该技术主题演化进程中的中心性作用。咨询领域知识专家意见，该件专利技术克服了金属氧化物高温超导体（MOHTSC）材料的主要应用缺陷，特别是机械性能、环境稳定性，还克服了陶瓷材料固有的脆性和易碎性问题，对后续的高温超导材料及元件制备技术的发展产生了重要影响。由此可见，利用不同数量的多目标优化主路径，更有助于识别领域演化进程中的关键技术节点，提供更多具有参考意义的结果。

7.7　实证研究结果讨论

7.7.1　实证研究案例的代表意义

本章实证研究案例选取了高温超导电缆技术领域，相对于第 6 章实证研究案例的石墨烯技术领域而言，这是一个较具代表性意义的相对成熟的产业化技术领域。本章实证研究案例有利于检验专利引用网络主路径分析多目标优化方法在成熟的产业化领域的应用效果。

本章实证研究案例的"种子"专利样本数据的申请年时间窗为 1987～2009 年。分析发现，该时期领域内的专利技术研发主题热点主要集中在下述方面[240]。

（1）高温超导线材、带材的制备，特别是对线材本身的研究最受关注，主要涉及 Y-Ba-Cu-O、Bi-Sr-Ca-Cu-O、Bi-2212、Tl-oxide（Tl-1223）等，以 Bi 基氧化超导体或线材的制备研究居多。

（2）超导电缆（superconducting cable）的研究，包括超导电缆的组装、连接、结构和对线材的选取，以及为改善电缆性能而做的改进，还涉及对低温或制冷系统的研究等。

（3）其他，包括高温超导缓冲层与高温超导薄膜（HTS buffer layer，HTS film）的制备、高温单丝或多丝超导体［superconductor filament（s）］的制备。

图 7-9 采用专利景观图形式呈现了 1987～2009 年全球高温超导电缆技术领域的专利研发活动技术热点分布。

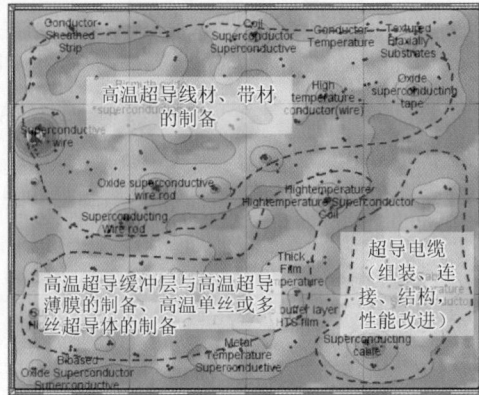

图 7-9　全球超导线材及电缆专利技术景观图（1987～2009）[240]

7.7.2　实证研究结果的参考意义

基于两个优化目标（带技术生命周期约束的路径连接性重要度目标、带引用动机约束的技术主题相似度目标）构建二维目标函数空间，将多目标优化主路径方法得到的 Pareto 最优解集映射在该二维目标函数空间中，得到高温超导电缆技术专利引用网络多目标 Pareto 最优近似解 Top 20 在二维目标函数空间中的映射分布，如图 7-10 所示。

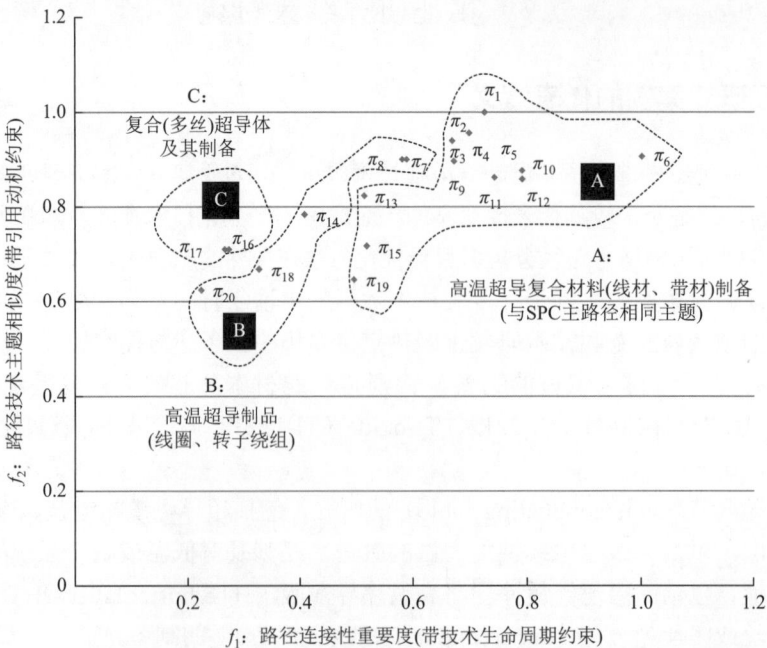

图 7-10　高温超导电缆技术专利引用网络多目标 Pareto 最优近似解 Top 20 目标函数空间分布

解读各主路径中专利节点的内容发现，这 20 条多目标 Pareto 最优主路径主要涉及 3 个专利技术演化主题。除了与 SPC 主路径、Top 10 多目标 Pareto 最优主路径相同的技术演化主题 A、B，又新增了一个演化主题 C——复合（多丝）超导体及其制备。图 7-10 显示，总体看来 3 个主题的演化路径在两个评价目标方面表现的差距并不显著。但是参照同时期领域内的技术研发热点分析（7.7.1 节）可发现，多目标优化主路径方法更丰富地呈现了该时期内此领域的技术研发主题内容。与 SPC 主路径方法相比，由多目标优化主路径方法得到的结果揭示的技术演化主题动向具有更加明显的细分化特点（表 7-5）。

表 7-5 高温超导电缆技术专利引用网络多目标 Pareto 最优主路径 Top 20 演化主题

组	主路径	演化主题	特点
A	π_1、π_2、π_3、π_4、π_5、π_6、π_9、π_{10}、π_{11}、π_{12}、π_{13}、π_{15}、π_{19}	高温超导复合材料（线材、带材）制备	与 SPC 主路径相同主题
B	π_7、π_8、π_{14}、π_{18}、π_{20}	高温超导制品（线圈、转子绕组）	与多目标 Pareto 最优主路径 Top 10 相同
C	π_{16}、π_{17}	复合（多丝）超导体及其制备	多目标 Pareto 最优主路径 Top 20 新增演化主题

7.8 本 章 小 结

本章以具有相对成熟产业化特点的高温超导电缆技术领域为例，基于领域内相关专利引用活动建立起真实的专利引用网络，开展实证研究，分别采用得到普遍认可的优先算法 SPC 主路径方法、本书构建的多目标优化主路径方法获得专利引用网络主路径。主路径识别的主要步骤如下：①基于领域内专利引用关系建立了专利引用真实网络，简要分析了网络的拓扑属性特征，析取了网络的最大成分；②分别获取该最大成分的 SPC 主路径、多目标优化主路径。其中，SPC 主路径的获取采用 Pajek 软件实现。多目标优化主路径获取通过如下方式实现：①获取有关两个评价目标函数及其约束条件的网络连边特征参数，生成输入文件；②采用 MATLAB 作为程序开发平台，配置算法运行环境，设置算法运行参数；③采用第 4 章建立的专利引用网络主路径分析多目标优化模型、多目标进化算法进行运算，得到 Pareto 最优近似解集；④输出 Pareto 最优近似解集，从中选择符合决策偏好的多目标 Pareto 最优主路径，生成路径拓扑图。

在领域知识专家协助下，本章分别解析了两种方法主路径结果，分析比较了两种方法的特点及其应用效果。实证研究结果显示，多目标优化主路径方法应用于成熟技术领域的技术演化路径识别具有良好的应用效果。

第8章 多目标优化的专利引用网络主路径分析方法应用前景

第6章、第7章分别选取了石墨烯传感技术、高温超导电缆技术两个技术领域开展实证研究，因为二者相对而言分别反映了新兴技术领域、成熟技术领域的一些发展特点，具有一定的代表性，有利于更全面地检验多目标优化的专利引用网络主路径分析方法的应用效果。

8.1 多目标优化的专利引用网络主路径方法的特点分析

通过前文针对两个技术领域的不同主路径方法实证研究结果的对比分析，结合领域知识专家意见，可以总结出，多目标优化主路径方法与 SPC 主路径方法相比，在技术演化研究应用方面具有如下主要特点。

8.1.1 识别技术演化主题更丰富

该特点在两个技术领域的实证研究结果中都得到了一致性的体现。

在石墨烯传感技术领域，SPC 主路径方法识别出一个技术演化主题"基于压敏感测的计算机终端输入多点触控技术"；而相同数量的多目标优化主路径则可以识别出两个技术演化主题，除了与 SPC 主路径相同的上述技术演化主题，还识别出了"纳米图像传感器与光电探测器"技术演化主题；并且，当进一步扩大 Pareto 最优主路径参考数量时，多目标优化主路径方法又进一步识别出第三个技术演化主题"纳米生物与电化学传感器"。

在高温超导电缆技术领域，SPC 主路径方法识别出一个技术演化主题"高温超导复合材料（线材、带材）制备"；相同数量的多目标优化主路径可识别出两个技术演化主题，即在上述 SPC 主路径方法识别出的相同技术主题之外，还识别出另一技术演化主题"高温超导制品（线圈、转子绕组）"；当进一步扩大 Pareto 最优主路径参考数量后，多目标优化主路径方法还可以识别出第三个技术演化主题"复合（多丝）超导体及其制备"。

8.1.2 探测新兴技术主题演化动向更灵敏

该特点在石墨烯传感技术领域实证研究中表现得尤为突出。SPC 主路径方法仅识别出了"基于压敏感测的计算机终端输入多点触控技术"的演化路径，该技术起源于早期的压敏感测技术，萌芽时间相对较早、专利技术发展相对较成熟。对于在实证分析数据时间窗内尚属于当时领域内新兴热点的"纳米图像传感器与光电探测器""纳米生物与电化学传感器"两个技术主题,SPC 主路径方法表现出存在识别"盲区"。而多目标优化主路径方法则能够有效识别出上述 3 个技术演化主题,尤其是后两个当时尚属于新兴热点的演化动向。

SPC 主路径方法对新兴技术演化热点存在识别"盲区"的根本症结在于 SPC 主路径方法的理论基础与算法机理。SPC 主路径方法是单目标评价,专利引用连接强度是唯一评价目标,但是领域内萌生的新兴技术研发热点往往在短时期内还不可能发生丰富的引用关系。因此,SPC 主路径方法对探测新兴技术演化热点的灵敏性不够,这是其算法机理本身所固有的局限。

与之相反,多目标优化主路径方法除了引入连接强度,还引入了技术主题相似度搜索目标,有效地弥补了 SPC 主路径方法的上述固有缺陷。正因为如此,多目标优化主路径方法能够在以石墨烯制备方法研究为主、光电子特性及其应用研究兴起的时期,及时、有效地探测出纳米光电探测、纳米生物传感等在当时尚属于新兴热点的技术演化动向。

8.1.3　揭示技术演化内容更具细分性

一方面,揭示技术演化内容更具细分性可以从两种主路径方法分别得到的相同技术主题的演化路径进程特征差异对比中体现出来。

在石墨烯传感技术领域,对于两种方法都识别出的相同演化主题"基于压敏感测的计算机终端输入多点触控技术",多目标优化主路径除了识别出与 SPC 主路径相同的技术演化起点"压敏电开关"基础器件,还新增了另外两个演化起点 US6323846B1(感测装置)、US6888536B2(多点触摸表面装置);当压敏传感技术发展到触摸屏电子产品输入与控制技术阶段后,多目标优化主路径又比 SPC 主路径新增了两条旁支路径,更丰富地呈现出技术脉络的衍生、发展、汇聚特点。

在高温超导电缆技术领域,两种方法都识别出了"高温超导复合材料(线材、带材)制备"技术演化轨迹。与 SPC 主路径相比,多目标优化主路径呈现出下述优势:①揭示的技术演化起点更早,将技术演化轨迹的起点比 SPC 主路径前推了 8 年,对技术基础的来源挖掘得更为深入;②技术来源信息更丰富,除了 SPC 主路径发现的"高比热低温复合材料"技术起点,多目标优化主路径还识别出了相关的电缆、超导线及超导体等不同的技术演化起点,更好地揭示出专利技术内容之间的隐性关联,更丰富地呈现出多支技术脉络衍生及逐步汇聚成为后续技术演化关键主流的发展进程,更有助于为识别领域演化的关键技术节点提供有用参考。

另一方面,实证结果还反映出多目标优化主路径具有更好的主题细分效果,如在领域发展相对成熟、技术主题关联度相对较强的高温超导电缆技术领域,多目标优化主路径方法有效地识别出高温超导复合材料(线材、带材)制备、高温超导制品(线圈、转子绕组)、复合(多丝)超导体及其制备等更细分的技术演化主题。

8.1.4　克服超高频引用专利对路径的影响

这一特点在石墨烯传感技术领域的实证分析结果中表现得相当明显。SPC 主路径方法受高被引频次专利影响较大——SPC 主路径的全部 15 个专利节点中，有 11 个专利节点属于同一个高被引专利家族（德温特入藏登记号为 1999-444688），使 Apple Inc. 的该项"触敏感测技术"在 SPC 主路径中表现出压倒性的优势。这种现象也是 SPC 主路径法以引用链路连通性为唯一评价目标的计算原理造成的必然局限。

对比之下，多目标优化主路径方法由于兼具了其他路径搜索目标，有效地克服了上述局限性。

8.2　多目标优化的专利引用网络主路径方法的决策参考意义

8.2.1　微观层面：技术演化进程及关键节点分析

正如前文所述，多目标优化主路径方法有助于识别领域内的专利技术演化主路径，探测技术起源与演化轨迹主干，定位演化进程中的关键技术节点。与 SPC 主路径方法相比，多目标优化主路径方法能够揭示出更丰富的技术演化主题、更深入的技术起源信息以及更丰富的关键技术节点，图 6-7、图 6-11、图 7-6、图 7-8 充分证明了这些特点。

多目标优化主路径方法的应用优势主要体现在三个方面。

（1）就方法原理而言，由于多目标评价有效实现了对多个具有非线性关系、不可公度性特点的决策因素的综合考量，更充分地体现出多因素作用下的群组决策需求特点，因此多目标优化主路径方法能够更充分地反映技术演化驱动因素的多元性，以及技术演化系统在这些多元驱动因素作用下的自适应、自组织、有机生长性等特点。

（2）就实现结果而言，多目标优化主路径方法得到的主路径结果充分反映出技术领域内演化主题的多样性。采用进化算法来实现多目标优化问题的求解，通过初始种群的迭代进化直至达到稳态的优化效果，一方面保持了种群的个体多样性，另一方面又始终保障了种群个体占优性的"遗传"，直至进化得到最终的最优化结果。

（3）就决策应用的可操作性和参考意义而言，多目标优化主路径方法以 Pareto 最优近似解集的形式为决策者提供一组多主路径解决方案，实现了对不可公度评价目标的协调折中，因而达到整体性能最优化的真正意义上的多主路径，而不是当前其他方法所提供的若干个基于单一评价目标值的天然全序排列得到的主路径。并且，Pareto 最优主路径集更有利于满足决策部门的需求——既可以根据各主路径的适应值优劣来选择整体性能最优路径，又可以设定不同的决策偏好，选择满足不同决策场景需求的主路径，如需要"双高"演化路径（如图 6-15 中的 π_2），或是只需要关注某一评价目标表现特别突出的"单高"演化路径（如图 6-15 中的 π_1）。

8.2.2　中观层面：新兴技术演化主题动态探测

多目标优化主路径方法有助于及时探测领域内的新兴技术主题演化动态。

在目标函数空间中，基于目标轴的中点位置绘制战略坐标，得到 Pareto 最优主路径在目标函数空间中的战略坐标分布（图 8-1、图 8-2）。

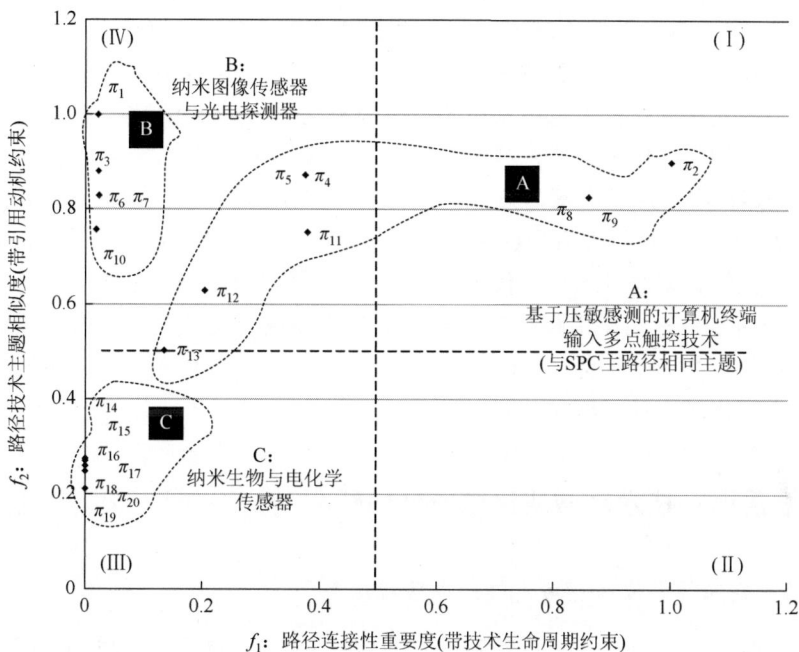

图 8-1　石墨烯传感技术专利引用网络多目标 Pareto 最优近似解 Top 20 战略坐标分布

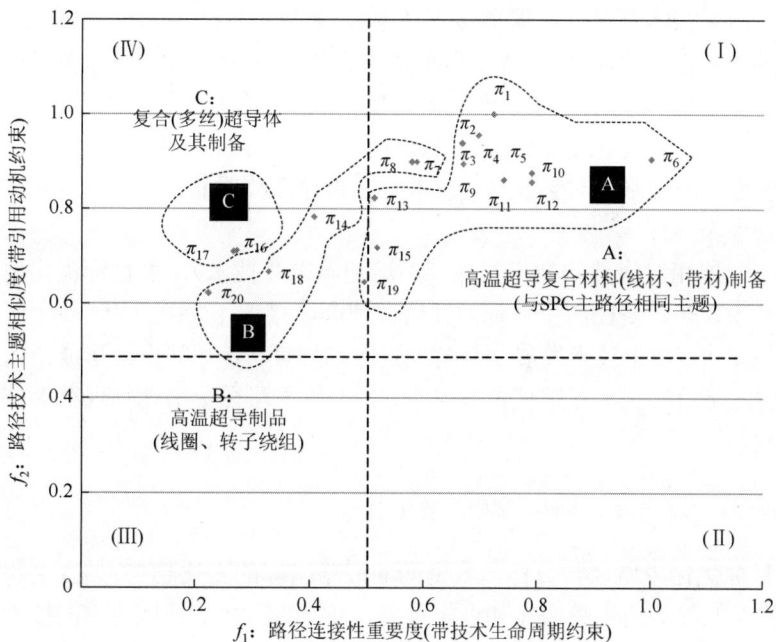

图 8-2　高温超导电缆技术专利引用网络多目标 Pareto 最优近似解 Top 20 战略坐标分布

对于领域内的成熟技术演化主题 A，其中，大多数主路径的两个评价目标函数值都偏高，多数主路径属于"双高"路径，代表引用关系深远、技术主题高度相似的演化主路径，分布偏重于第（Ⅰ）区；少数主路径的技术主题相似度评价值表现优于路径连接性重要度评价值，分布在第（Ⅳ）区，如图 8-1 中的 π_4、π_5、π_{11}、π_{12} 与 π_{13}。

仅由多目标优化主路径方法识别出的领域内新兴演化主题 B、C，其演化主路径多分布在第（Ⅲ）区的"双低"路径，或是分布在第（Ⅳ）区"单高"（技术主题相似度）路径。这些演化路径尚未形成丰富、深远的引用关系，在路径连接性评价目标方面的表现非常低，但是路径的主题相似度表现已初现端倪甚至部分已经非常明显，后续有可能进一步发展成为领域内的新兴演化热点，代表性主路径如图 8-1 中的 π_1、π_3、π_6、π_7 与 π_{10}。

因此，采用多目标优化主路径方法有助于细分领域内技术演化的成熟主题与新兴主题；借助领域内的"双低"或"单高"主路径，有望在早期辅助决策者及时发现领域内萌生的新兴技术演化热点及其演化动向。

8.2.3　宏观层面：技术领域演化成熟度判断

1. 有助于判断特定技术领域发展的成熟程度

根据多目标优化主路径在目标函数空间的战略坐标分布特点，可以为判断该领域技术演化的成熟程度提供参考线索。

对比图 8-1、图 8-2，不难发现两点。

（1）对于新兴技术领域（石墨烯传感技术），多目标优化主路径分布非常分散，以位于（Ⅲ）区的"双低"主路径、（Ⅳ）区的"单高"主路径居多。这体现了在新兴技术领域，由于技术交叉性、渗透性、融合性现象突出，专利技术间的技术主题相关性表现较强，但由于技术萌生时间较短，还没有形成足够强大的引用链路关系，因此在业内受到的关注度不高。解读这些演化路径时会发现，技术主题相异性较明显，为发现新兴技术演化趋势提供了提示性参考。

（2）对于发展相对成熟的技术领域（高温超导电缆技术），多目标优化主路径分布位置相对较为集中，多数路径两个目标的评价值都高度接近，其中位于（Ⅰ）区的"双高"主路径的数量庞大。由于技术发展已具备一定时间周期，专利间已经形成了较丰富的引用关系，这些演化路径的技术主题相关性很明显，不同主路径更多地体现在对技术主题演化方向的细分化。

2. 有助于推演特定技术领域的未来演化趋势

根据多目标优化主路径在目标函数空间的战略坐标的变化趋势，结合主路径分析的先验知识、路径发展趋势的场景假设和逻辑推理，可推演出技术领域内不同技术主题演化的延伸、分化、衰落或是消亡的发展趋势。

第一种情形，当某占优主路径继续伴随时间进展而向纵深发展时，路径的连接性重要度、技术主题相似度都会逐渐增高，表现在目标函数空间中，路径的战略坐标会逐步地向"双高"特征区即（Ⅰ）区迁移，或者由于在不同评价目标上的表现有所侧重，因而表现出向（Ⅱ）区或是（Ⅳ）区的高阶位置逐渐游走。

第二种情形，当主路径衍生出分化路径时，那么在目标函数空间中，分化路径解会在原主路径解旁边以"卫星"解的形式出现。最初，"卫星"解与原主路径解的空间坐标会非常接近，随时间发展，根据两条路径各自后续的不同演化走势、路径的评价目标函数值可能会逐渐拉开差距，从而在战略坐标空间中逐渐分离。

第三种情形，当主路径发生"断裂"时，即不再有新发生的在后施引关系使主路径继续保持延伸。那么，在一段时期内，该主路径解在目标函数空间中的战略坐标可能会暂时保持稳定。但是，领域内其他技术主题演化路径会继续发展，它们的连接性重要度、技术主题相似度可能会逐步增高。由于战略坐标是对 Pareto 非劣解集的评价目标函数值进行归一化后的相对位置，因而伴随其他主题演化路径的成长，该主路径的坐标在经历过短暂"稳定"期后会逐渐向两个评价目标轴的低阶区域方向游走，使该主题演化路径呈现出"衰落"特征。进一步地，当其他技术主题演化路径继续发展至一定阶段，该主路径可能会被淘汰出 Pareto 最优近似解集，从而最终从战略坐标图中消失，这就表现出该技术主题演化路径的"消亡"现象。

8.3　本章小结

本章对比分析了第 6 章、第 7 章两个实证研究案例面向不同技术领域的主路径方法实证研究结果，结合领域知识专家意见，比较了两种主路径方法的应用效果。由于两个实证研究案例的技术领域分别具有新兴技术领域、成熟技术领域的代表性特点，因此两个领域的实证研究结果具有较好的代表性。对比研究发现，多目标优化主路径方法具有以下主要优势：识别出的技术演化主题更丰富；探测新兴技术主题的演化动向更灵敏；揭示技术演化内容更具细分性；有效克服了高被引专利的影响。

本章还进一步总结了多目标优化主路径方法的决策参考意义。①在微观层面，有助于识别领域内的专利技术演化主路径，找寻技术起源与演化主干，定位演化进程中的关键技术节点。多目标优化进化算法的原理使其主路径识别结果更充分体现多因素作用下的群组决策特点，更有效地反映技术演化驱动因素的多元性，以及技术演化系统的自适应、自组织、有机生长性特点；进化算法保持了种群个体的多样性和个体"占优性"的遗传性，直至最终得到最优解；Pareto 最优近似解集形式的最优主路径为决策者提供了一组整体性能最优的多主路径解决方案，方便了不同决策偏好需求。②在中观层面，有助于在早期及时发现领域内萌生的新兴技术演化热点及其演化动向，帮助细分领域内技术演化的成熟主题与新兴主题。③在宏观层面，有助于判断某技术领域演化的成熟程度和未来演化趋势，推演领域内技术主题的延伸、分化、衰落及至消亡现象。

第 9 章　总结与展望

9.1　研究总结

本书完成的研究工作主要有三部分：专利引用网络主路径方法理论研究、多目标优化的专利引用网络主路径分析模型与方法研究、应用于真实专利引用网络的实证研究。

1. 专利引用网络主路径分析方法理论研究

本书从专利引用角度对技术演化研究相关理论成果进行了系统梳理，重点分析总结了现有专利引用网络主路径方法相关研究的主要内容与特点。本书系统分析了影响专利引用网络演化路径发展的客观因素和主观因素。在客观影响因素方面，重点研究了专利技术生命周期规律对专利引用网络发展的影响，通过真实网络实验研究，证实了技术领域内的专利引用行为规律符合 Logistic 模型特点；在主观影响因素方面，重点研究了不同施引行为主体的引用动机对专利引用关系产生的差异性影响。在此基础上，本书总结了当前现有的专利引用网络主路径分析方法存在的局限性，即对技术路径演化驱动力的多元性与系统性反映不够、忽视了不同引用动机形成的不同类型引用关系对路径演化的影响力差异、忽视了网络演化的动态性特征、所谓的多主路径方法本质上仍是单目标搜索结果主路径。

基于上述研究，本书提出从算法思想、约束条件、方法实用性等角度出发，建立一套新的专利引用网络主路径分析方法，该方法能够弥补当前现有研究的上述局限性，应当具有下述三个特点：①其理论基础与算法机理，能有效反映主路径是多元影响因素驱动下的演化目标的综合性选择的结果；②能反映出不同约束条件对主路径演化的影响，增强主路径方法的动态性、客观性和公允性；③兼顾了路径搜索效果与效率的同时最优，实现在合理时间内找出质量较高的多主路径，克服现有的穷尽搜索方法普遍具有的时间复杂度高的缺陷，从而提高主路径方法的实用性。

2. 多目标优化的专利引用网络主路径分析模型与方法研究

本书提出将多目标优化思想应用于专利引用网络主路径分析方法的研究设想，针对当前现有主路径方法的主要局限，提出了研究同时优化两个目标的专利引用网络主路径分析问题。本书确定了主路径的两个优化目标函数：路径连接性重要度总和最大、路径技术主题相似度总和最高；并且，分别研究了两个优化目标函数各自的约束条件：专利技术生命周期模型约束、专利引用动机类型约束。基于上述优化目标函数与约束条件研究，本书建立了专利引用网络主路径多目标优化问题的数学模型。

进一步地，本书研究了所构建的专利引用网络主路径多目标优化问题模型的求解方法。在总结比较当前常用的多目标优化问题求解方法的基础上，综合考虑了计算效率、可操作性、结果冗余度等因素，本书采用了基于超体积指标函数方法的多目标局部搜索算法对模型进行求解，包括算法基本框架、路径搜索机制、采用超体积指标函数方法的问题解的适应值分配策略、解集的筛选与更新机制，实现了基于超体积指标函数方法的多目标路径搜索、多目标路径评价和排序，算法具有稳定高效性，实现了在合理经济的时间内输出一个质量较高的 Pareto 最优近似解集。

3. 应用于专利引用真实网络的实证研究

本书选择了具有新兴技术代表性特征的石墨烯传感技术领域、具有成熟技术代表性特征的高温超导电缆技术领域，开展实证研究。本书根据两个技术领域内真实的专利引用活动，建立起真实的专利引用网络，分别采用得到普遍认可的优先算法 SPC 主路径方法、本书构建的多目标优化主路径方法，获取了两个领域的专利引用网络主路径，在领域知识专家的协助下，对两种方法的主路径结果进行对比研究。

通过比较分析两种方法主路径结果反映出的技术演化信息及演化进程特点，本书发现：①多目标优化主路径方法识别出的技术演化主题更丰富；②多目标优化主路径方法探测新兴技术主题的演化动向更灵敏；③多目标优化主路径方法揭示技术演化内容更具细分性；④多目标优化主路径方法有效克服了超高频次被引专利对主路径识别产生的干扰。

本书还进一步总结了多目标优化主路径方法在决策参考中的应用意义：①在微观层面，有助于识别领域内的专利技术演化进程主干及关键技术节点，方便不同决策场景的决策偏好需求；②在中观层面，有助于及时探测领域内萌生的新兴技术演化热点及其动向；③在宏观层面，有助于判断技术领域的演化成熟度和推演未来演化趋势。

9.2　研　究　展　望

9.2.1　本书的不足

（1）专利引用动机类型约束条件研究的严谨性有待进一步论证。由于时间、精力有限，本书直接采用了前人基于专利引文分析的科学-技术关联探测研究中对 3 种不同引用动机类型的专利引文差异赋权研究结果，作为本书多目标优化主路径分析模型的路径技术主题相似度优化目标的引用动机类型约束，用以区分不同引用动机对技术演化路径的影响。但是，上述差异赋权研究结果仅仅是前人面向催化技术领域的实验结果，是否适用于其他技术领域，还需要进行实验论证。

（2）路径技术主题相似度目标度量的精准性有待提高。本书在度量专利节点的技术主题相似度时，采用 IPC 分类代码作为基础语义单元。但是 IPC 分类体系采用功能和应用相结合，以功能性类目为主、应用性类目为辅的分类原则，如具有"分离"功能的专利与应用了"分离"技术方案或者解决"分离"技术问题的专利，往往可能被分配在不同的 IPC 类目下。并且，IPC 是一个通用技术分类体系，当面向特定技术领域时存在分类体系较粗、更新不及时的缺陷。

（3）研究结果的适用性需要更大范围的实证检验。本书仅选取了石墨烯传感技术、高温超导电缆技术两个领域为例开展实证研究,研究结论的可推广性还需要面向更多技术领域开展更广泛的验证。

9.2.2　未来工作展望

1. 进一步增强引用动机类型约束条件研究的严谨性

未来在条件允许情况下,将面向不同的具体实验技术领域开展不同类型专利引用动机对专利引用相关性的影响研究,以充分验证不同技术领域中的引用动机差异赋权结果,从而有效地排除专利分析的行业依存度特点影响,进一步提高多目标优化的专利引用网络主路径分析方法的严谨性。

2. 进一步提高路径技术主题相似度搜索目标的精准性

语义索引的粒度与结构决定了语义挖掘的深度与精细程度。IPC 分类体系对技术描述较为宽泛,相对而言更适用于宏观和中观层面的趋势分析。专利节点的技术主题相似度是基于单件专利的技术内容开展的微观层面的相似度计算,更适宜采用主题词或 SAO 三元组作为基础语义单元。因此,未来在计算条件与能力允许的前提下,可采用基于主题词或 SAO 三元组的专利文本语义相似度计算方法来尝试提高路径技术主题相似度目标度量的精度。

3. 扩大实证研究的技术领域

在今后的研究中,可针对更多的技术领域开展实证研究,在更广范围内检验本书提出的专利引用网络主路径分析多目标优化模型与求解方法及其应用效果,不断改进完善其功能和效率。

4. 利用机器学习技术探索研究多目标专利引用网络主路径识别问题

应用机器学习理论,构建专利引用网络主路径分析的学习模型,研究多目标专利引用主路径算法模型的执行步骤和关键参数的确定方法,实现路径学习算法。探索通过产生具备良好性能的学习模型,免去用户对目标函数构建和参数设置的责任,并且有望实现大规模数据量的计算。

参 考 文 献

[1] 许良. 技术哲学[M]. 上海：复旦大学出版社，2004.

[2] 李亚青. 技术进化的趋势与展望[J]. 科学技术与辩证法，2002，19（5）：48-51.

[3] 秦书生，陈凡. 技术系统自组织演化分析[J]. 科学学与科学技术管理，2003，24（1）：34-37.

[4] 顾培亮. 基于复杂系统理论的技术系统演化分析[J]. 天津大学学报（社会科学版），2002，4（3）：228-232.

[5] 张培富，李艳红. 技术创新过程的自组织进化[J]. 科学管理研究，2000，18（6）：1-4.

[6] 约翰·齐曼. 技术创新进化论[M]. 孙喜杰，等译. 上海：上海科技教育出版社，2002.

[7] 陈亮，张志强. 技术演化研究方法进展分析[J]. 图书情报工作，2012，56（17）：59-66.

[8] 李建蓉. 专利文献与信息[M]. 北京：知识产权出版社，2002.

[9] 刘倩楠. 基于专利引文网络的技术演进路径识别研究——以"以太网技术"为例[D]. 大连：大连理工大学，2010.

[10] 刘小玲. 基于专利网络的技术演进研究[D]. 北京：中国科学院研究生院，2011.

[11] 韩毅，童迎，夏慧. 领域演化结构识别的主路径方法与高被引论文方法对比研究[J]. 图书情报工作，2013，57（3）：11-16.

[12] 张娴，方曙. 专利引用网络主路径方法研究述评与展望[J]. 图书情报工作，2016，60（20）：140-148.

[13] HUMMON N P，DOREIAN P. Connectivity in a citation network：The development of DNA theory[J]. Social Networks，1989（11）：39-63.

[14] BATAGELJ V. Efficient algorithms for citation network analysis[OL]. [2015-10-14]. http://www.researchgate.net/publication/1956732.

[15] CHOI C，PARK Y. Monitoring the organic structure of technology based on the patent development paths[J]. Technological Forecasting and Social Change，2009，76（6）：754-768.

[16] YANG Z K，HUANG Y，LIU J, et al. Research on identification of technological trajectory based on patent citation network-taking wind motors technology as an example[C]. Hangzhou：Proceeding of 2012 International Symposium on Management of Technology（ISMOT'2012），2012.

[17] 彭爱东，黎欢，王洋. 基于专利引文网络的技术演进路径研究——以激光显示技术领域为例[J]. 情报理论与实践，2013，36（8）：57-61.

[18] VERSPAGEN B. Mapping technological trajectories as patent citation networks：A study on the history of fuel cell research[J]. Advance in Complex System，2007，10（1）：93-115.

[19] 韩毅. 基于引文网络主路径的领域演化结构与知识扩散研究[D]. 北京：中国科学院研究生院，2011.

[20] GUAN J C，SHI Y. Transnational citation，technological diversity and small world in global nanotechnology patenting[J]. Scientometrics，2012，93（3）：609-633.

[21] XU Y S，HUA X F. Mapping technological trajectories as patent citation networks：Taking the aero-engine industry as an example[C]. Proceedings of the 2014 ICMET. Kanazawa：IEEE，2014：2827-2835.

[22] YUAN F，MIYAZAKI K. Understanding the dynamic nature of technological change using trajectory identification based on patent citation network in the electric vehicles industry[C]. Portland International Conference on Management of Engineering & Technology. Kanazawa，2014.

[23] LIU J S，CHEN H H，HO M H, et al. Citations with different levels of relevancy：Tracing the main paths of legal opinions[J]. Journal of the Association for Information Science and Technology，2014，65（12）：2479-2488.

[24] 潘颖. 基于专利引证强度的关键技术发展路径研究[J]. 情报理论与实践，2014，37（12）：71-75.

[25] 许琦. 一种面向技术进化的知识适应能力评价方法：基于专利引证网络的知识遗传分解[J]. 情报理论与实践，2013，

36（3）：55，68-76.

[26] LIU J S，LU L Y Y. An integrated approach for main path analysis: Development of the Hirsch Index as an example[J]. Journal of the American Society for Information Science and Technology，2012，63（3）：528-542.

[27] 许琦，顾新建. 一种基于 Subject-Action-Object 三元组的知识基因提取方法[J]. 浙江大学学报（工学版），2013，47（3）：385-399.

[28] 陈亮，杨冠灿，张静，等. 面向技术演化分析的多主路径方法研究[J]. 图书情报工作，2015，59（10）：124-130，115.

[29] DE NOOY W，MRVAR A，BATAGELJ V. Exploratory Social Network Analysis with Pajek[M]. New York：Cambridge University Press，2011.

[30] 张娴，方曙，王春华. 专利引证视角下的技术演化研究综述[J]. 科学学与科学技术管理，2016，37（3）：58-67.

[31] KUUSI O，MEYER M. Anticipating technological breakthroughs: Using bibliographic coupling to explore the nanotubes paradigm[J]. Scientometrics，2007，70（3）：759-777.

[32] 张伟. 基于专利引用的碳捕获与封存技术发展研究[D]. 北京：北京工业大学，2013.

[33] FONTANA R，NUVOLARI A，VERSPAGEN B. Mapping technological trajectories as patent citation networks：An application to data communication standards[J]. Economics of Innovation and New Technology，2009，18（4）：311-336.

[34] DEWULF S. Directed variation of properties for new or improved function product DNA – a base for connect and develop[J]. Procedia Engineering，2011，9：646-652.

[35] YOON J，CHOI S，KIM K. Invention property-function network analysis of patents：A case of silicon-based thin film solar cells[J]. Scientometrics，2011，86：687-703.

[36] HANNAN M，CARROLL G. Dynamics of Organizational Populations：Density，Legitimation，and Competition[M]. London：Oxford University Press，1992.

[37] 黄鲁成，李江. 专利技术的生态学描述[J]. 科学学研究，2009，27（5）：666-671.

[38] 黄鲁成，李江. 专利技术种群增长的生态过程：协同与竞争——以光学光刻技术种群为例[J]. 研究与发展管理，2010，22（2）：24-31.

[39] HSU C W，CHANG P L，HSIUNG C M，et al. Charting the evolution of biohydrogen production technology through a patent analysis[J]. Biomass & Bioenergy，2015，76：1-10.

[40] CHOI J，HWANG Y S. Patent keyword network analysis for improving technology development efficiency[J]. Technological Forecasting and Social Change，2014（83）：170-182.

[41] NO H J，PARK Y. Trajectory patterns of technology fusion: Trend analysis and taxonomical grouping in nanobiotechnology[J]. Technological Forecasting and Social Change，2010，77（1）：63-75.

[42] KIM B，GAZZOLA G，LEE J M，et al. Inter-cluster connectivity analysis for technology opportunity discovery[J]. Scientometrics，2014，98（3）：1811-1825.

[43] SMALL H，GRIFFITH B C. The structure of scientific literatures I：Identifying and graphing specialties[J]. Science Studies，1974，4（1）：17-40.

[44] GARFIELD E. Research fronts[J]. Current Contents，1994（41）：3-7.

[45] PERSSON O. The intellectual base and research fronts of JASIS 1986-1990[J]. Journal of the American Society for Information Science，1994，45（1）：31-38.

[46] 王立学，冷伏海. 简论研究前沿及其文献计量识别方法[J]. 情报理论与实践，2010，33（3）：54-58.

[47] CHEN S H，HUANG M H，CHEN D Z，et al. Detecting the temporal gaps of technology fronts：A case study of smart grid field[J]. Technological Forcasting and Social Change，2012，79（9）：1705-1719.

[48] HUANG M H，CHEN D Z，DONG H R. Identify technology main paths by adding missing citations using bibliographic coupling and co-citation methods in photovoltaics[C]. Oregon：Proceedings of PICMET 11：Technology Management in the Energy-Smart World（PICMET），2011.

[49] 赵佳. 专利视阈下物联网领域知识图谱及产业引导政策研究[D]. 南京：南京邮电大学，2013.

[50] 侯剑华，范二宝. 基于专利家族的核心技术演进分析——以太阳能光伏电池技术为例[J]. 情报杂志，2014，33（12）：

30-35，40.

[51] LIN S Z，CHEN S H，WANG C C，et al. A comparison of technology trajectories between the global and the united states in smart grid[C]. Singapore：IEEE International Conference on Industrial Engineering and Engineering Management（IEEM），2011.

[52] 向希尧，蔡虹. 跨国技术溢出网络结构分析与路径识别——基于专利引用的实证分析[J]. 科学学研究，2009，27（9）：1348-1354.

[53] 张翀，龚艳萍. 专利引证形式下标准化技术的演变路径研究[J]. 科技进步与对策，2012，29（23）：14-17.

[54] BEKKERS R，MARTINELLI A. Knowledge positions in high-tech markets：Trajectories，standards，strategies and true innovators[J]. Technological Forcasting and Social Change，2012，79（7）：1192-1216.

[55] LIN Y，CHEN J，CHEN Y. Backbone of technology evolution in the modern era automobile industry：An analysis by the patents citation network[J]. Journal of Systems Science and Systems Engineering，2011，20（4）：416-442.

[56] HO M H C，LIN V H，LIU J S. Exploring knowledge diffusion among nations：A study of core technologies in fuel cells[J]. Scientometrics，2014，100（1）：149-171.

[57] HO M H，CHEO H Y. Analyzing the brokerage roles of stakeholders in a technological network：A study of GMO plant technologies[C]. Kanazawa：Portland International Conference on Management of Engineering & Technology（PICMET），2014.

[58] 黄晓斌，梁辰. 基于专利引用网络的 4G 通信技术竞争态势分析[J]. 情报杂志，2014，33（4）：51-58.

[59] KIM E，CHO Y，KIM W. Dynamic patterns of technological convergence in printed electronics technologies：Patent citation network[J]. Scientometrics，2014，98（2）：975-998.

[60] KURTOSSY J. Innovation indicators derived from patent data[J]. Social & Management Sciences，2004，12（1）：91-101.

[61] NARIN F. Patents as indicators for the evaluation of industrial research output[J]. Scientometrics，1995，34（3），489-496.

[62] CHANG P L，WU C C，LEU H J. Using patent analyses to monitor the technological trends in an emerging field of technology：A case of carbon nanotube field emission display[J]. Scientometrics，2010，82（1）：5-19.

[63] CHEN S H，HUANG M H，CHEN D Z. Identifying and visualizing technology evolution：A case study of smart grid technology[J]. Technological Forecasting and Social Change，2012，79（6）：1099-1110.

[64] 方曙，胡正银，庞弘燊，等. 基于专利文献的技术演化分析方法研究[J]. 图书情报工作，2011，55（22）：42-46.

[65] YOON B. A text-mining-based patent network：Analytical tool for high-technology trend[J]. Journal of High Technology Management Research，2004，15（1）：37-50.

[66] KIM Y G，SUH J H，PARK S C. Visualization of patent analysis for emerging technology[J]. Expert System with Application，2008，34（3）：1804-1812.

[67] 刘小玲，谭宗颖. 基于专利网络的技术演进研究方法探索[J]. 科学学研究，2013，31（5）：651-656，731.

[68] 旷景明，兰小筠. 基于专利信息分析的创新技术预测方法综述[J]. 情报杂志，2014，33（9）：33-39，50.

[69] ERDI P，MAKOVI K，SOMOGYVARI Z，et al. Prediction of emerging technologies based on analysis of the US patent citation network[J]. Scientometrics，2013，95（1）：225-242.

[70] 刘斌强，江玉得. 基于专利信息分析的技术生命周期判断与应用[J]. 唯实，2011（1）：77-79.

[71] LITTLE A D. The Strategic Management of Technology[M]. Cambridge：Arthur D. Little Inc.，1981.

[72] ERNST H. The use of patent data for technological forecasting：The diffusion of CNC-technology in the machine tool industry[J]. Small Business Economics，1997，9（4）：361-381.

[73] 于慧伶. 利用 TRIZ 理论 S 曲线进化法则的人造板技术发展预测[J]. 林业科技，2009，34（4）：57-60.

[74] 朱昭铭. 以技术生命周期分析薄膜太阳能产业趋势之研究[D]. 台北：台湾大学，2009.

[75] 唐田田，刘平，张鹏，等. 冈珀兹曲线模型在专利发展趋势预测中的应用[J]. 现代图书情报技术，2009，25（11）：59-63.

[76] 赵莉晓. 基于专利分析的 RFID 技术预测和专利战略研究——从技术生命周期角度[J]. 科学学与科学技术管理，2012，11（33）：24-30.

[77] MEISTER C，MEISTER M. Trends and trajectories in MEMS-related technologies：An analysis on the basis of patent

application data[C]. Bucharest：IEEE-Electron Society and Romanian Academy，Semiconductor Conference，2005.

[78] 许琦. 基于专利引证网络的技术范式分析——以半导体制造领域为例[J]. 图书情报工作，2013，57（4）：112-119.

[79] VERHAEGEN P A，D'HONDT J，VELTOMMEN J，et al. Relating properties and functions from patents to TRIZ trends[J]. CIRP Journal of Manufacturing Science and Technology，2009，1（3）：126-130.

[80] YOON J，KIM K. An automated method for identifying TRIZ evolution trends from patents[J]. Expert Systems with Applications，2011，38（12）：15540-15548.

[81] HE C，LOH H T. Grouping of TRIZ inventive principles to facilitate automatic patent classification[J]. Expert Systems with Applications，2008，34（1）：788-795.

[82] LOH H T，HE C，SHEN L. Automatic classification of patent documents for TRIZ users[J]. World Patent Information，2006，28（1）：6-13.

[83] CASCINI G，RUSSO D. Computer-aided analysis of patents and search for TRIZ contradictions[J]. International Journal of Product Development，2007，4（1/2）：52-67.

[84] CECERE G，CORROCHER N，GOSSART C，et al. Technological pervasiveness and variety of innovators in Green ICT：A patent-based analysis[J]. Research Policy，2014，43（10）：1827-1839.

[85] DANGELICO R M，GARAVELLI A C，PETRUZZELLI A M. A system dynamics model to analyze technology districts' evolution in a knowledge-based perspective[J]. Technovation，2010，30（2）：142-153.

[86] GAO J P，DING K，TENG L，et al. Hybrid documents co-citation analysis：Making sense of the interaction between science and technology in technology diffusion[J]. Scientometrics，2012，93（2）：459-471.

[87] 陈文婕. 低碳汽车技术创新网络演化研究[D]. 长沙：湖南大学，2013.

[88] 孙德忠，周荣，喻登科. 高校与非高校上市公司专利技术扩散网络模型[J]. 科学学与科学技术管理，2014，35（1）：57-65.

[89] DAVID B T，FERNANDO J S，ITZIAR C M. Mapping the importance of the real world：The validity of connectivity analysis of patent citations networks[J]. Research Policy，2011，40（3）：473-486.

[90] MARTINELLI A. Technological trajectories and industry evolution：The case of the telecom switching industry[OL]. [2015-10-14]. https://pure.tue.nl/ws/files/3279369/Metis222759.pdf.

[91] TRAJTENBERG M. A penny for your quotes：Patent citations and the value of innovations[J]. RAND Journal of Economics，1990，21（1）：172-187.

[92] MOGEE M E，KOLAR R G. International patent analysis as a tool for corporate technology analysis and planning[J]. Technology Analysis & Strategic Management，1994，6（4）：485-503.

[93] 王燕玲. 技术轨道识别研究——以专利引文网络主路径分析为方法[D]. 武汉：武汉大学，2013.

[94] MARTINELLI A. An emerging paradigm or just another trajectory? Understanding the nature of technological changes using engineering heuristics in the telecommunications switching industry[J]. Research Policy，2012，41（2）：414-429.

[95] 宁景博. 基于最优路径的学术网络重要文献探测[D]. 长春：吉林大学，2015.

[96] 范维熙，费钟琳. 基于德温特专利引文网络的技术演进路径研究——以太阳能电池技术为例[J]. 情报杂志，2014，33（11）：62-66.

[97] 黄鲁成，石媛嫄，吴菲菲. 基于专利引用的技术轨道动态分析——以太阳能电池为例[J]. 科学学研究，2013，31（3）：358-367.

[98] 董克，刘德洪，江洪，等. 基于主路径分析的 HistCite 结果改进研究[J]. 情报理论与实践，2011，34（3）：113-116.

[99] 韩毅，周畅，刘佳. 以主路径为种子文献的领域演化脉络及凝聚子群识别[J]. 图书情报工作，2013，57（3）：22-26，55.

[100] LIU J S，LU L Y Y，LU W M，et al. Data envelopment analysis 1978-2010：A citation-based literature survey[J]. Omega，2013，41：3-15.

[101] 祝清松. 语义增强的引文分析方法与应用实验研究[D]. 北京：中国科学院大学，2015.

[102] 杨铁军，曾志华. 专利信息利用技能[M]. 北京：知识产权出版社，2011.

[103] GARFIELD E. Patent citation indexing and the notions of novelty，similarity and relevance[J]. Journal of Chemical Documentation，1966，6（2）：63-65.

[104] JAFFE A B，TRAJTENBERG M，HENDERSON R. Geographic localization of knowledge spillovers as evidenced by patent citations[J]. Quarterly Journal of Economics，1993（8）：577-598.

[105] HALL B. Innovation and Market Value[M]//Productivity，Innovation and Economic Performance. Cambridge：Cambridge University Press，2000：177-198.

[106] 李睿，孟连生. 论专利引用行为与期刊论文引用行为在揭示知识关联方面的差异[J]. 情报学报，2010，29（3）：474-478.

[107] 李睿，孟连生. 论专利间引用关系分析中存在的问题[J]. 情报理论与实践，2009，32（7）：39-43.

[108] BHATTACHARYA S，KRETSCHMER H，MEYER M. Characterizing intellectual spaces between science and technology[J]. Scientometrics，2003（2）：369-390.

[109] CRISCUOLOA P，BART V. Does it matter where patent citations come from? Inventor vs. examiner citation in European patents[J]. Research Policy，2008（37）：1892-1908.

[110] ALCACER J，GITTELMAN M. Patent citations as a measure of knowledge flows：The influence of examiner citations[J]. The Review of Economics and Statistics，2006，88（4）：774-779.

[111] LI M H，GAO L，FAN Y，et al. Emergence of global preferential attachment from local interaction[OL]. [2015-10-4]. http://iopscience.iop.org/article/10.1088/1367-2630/12/4/.

[112] NEWMAN M E J. The first-mover advantage in scientific publication[OL]. [2015-10-14]. http://iopscience.iop.org/article/10.1209/0295-5075/86/68001/pdf.

[113] 樊志伟，韩芳芳，刘佳. 引文网络的主路径特征研究——以富勒烯领域为例[J]. 图书情报工作，2013，57（3）：17-21，60.

[114] JAFFE A B，TRAJTENBERG M，HENDERSON R. Geographic location of knowledge spillovers as evidenced by patent citations[J]. Quarterly Journal of Economics，1993，（108）：5772-5981.

[115] NARIN F，HAMILTON K S，OLIVASTRO D. The increasing linkage between US technology and science[J]. Research Policy，1997，（26）：3172-3301.

[116] SHEN Y C，LIN G T R，TZENG G H. Combined DEMATEL techniques with novel MCDM for the organic light emitting diode technology selection[J]. Expert Systems with Applications，2011，38（3）：1468-1481.

[117] GOSNELL C F. The rate of obsolescence in college library book collections by an analysis of three select lists of books for college libraries[D]. New York：New York University，1943.

[118] 邱均平，宋艳辉，杨思洛. 国内人文社会科学文献老化规律对比研究——基于 Web 新形势下的研究[J]. 中国图书馆学报，2011，37（195）：26-35.

[119] BURRELL Q L. A note on ageing in a library circulation model[J]. Journal of Documentation，1985，41（2）：100-115.

[120] SAYYADI H，GETOOR L. FutureRank：Ranking scientific articles by predicting their future PageRank[C]. Sparks：Proceeding of SIAM International Conference on Data Mining（SDM09），2009.

[121] 段庆锋，朱东华，汪雪锋. 基于改进 PageRank 算法的引文文献排序方法[J]. 情报理论与实践，2012，35（1）：115-119.

[122] BERKHIN P. A survey on PageRank computing[J]. Internet Mathematics，2005，2（1）：73-120.

[123] CLARK C V. Obsolescence of the patent literature[J]. Journal of Documentation，1976，32（1）：32-52.

[124] NOMA E，OLIVASTRO D. Are there enduring patents[J]. Journal of the American Society for Information Science，1985，36（5）：297-301.

[125] EDQUIST C，JACOBSSON S. Flexible Automation：The Global Diffusion of New Technology in the Engineering Industry[M]. Oxford：Basil Blackwell，1988.

[126] CHU W L，WU F S，KAO K S，et al. Diffusion of mobile telephony：An empirical study in Taiwan[J]. Telecommunications Policy，2009，33（9）：506-520.

[127] LUNDWALL B A. National Systems of Innovation：Towards a Theory of Innovation and Interactive Learning[M]. London：Anthem Press，1992.

[128] TENG J T C，GROVER V，GUTTLER W. Information technology innovations: General diffusion patterns and its relationships

to innovation characteristics[J]. IEEE Transactions on Engineering Management，2002，49（1）：13-27.

[129] WONG C Y，THIRUCELVAM K，RATNAVELU K. Diffusion trajectories of emerging sciences in Malaysian R&D system[J]. Technological Forecasting & Social Change，2010，77（7）：1109-1125.

[130] FALLAH M H，FISHMAN E，REILLY R R. Forward patent citations as predictive measures for diffusion of emerging technologies[C]. Portland：PICMET，2009：420-427.

[131] 张晓强，戴吾三，杨君游. 专利前向引用是否遵循 Logistic 扩散模型[J]. 情报杂志，2014，33（6）：40-43，65.

[132] 朱正元，陈伟侯，陈丰. Logistic 曲线与 Gompertz 曲线的比较研究[J]. 数学的实践与认识，2003（10）：66-71.

[133] CHEN Y H，CHEN C Y，LEE S C. Technology forecasting and patent strategy of hydrogen energy and fuel cell technologies[J]. International Journal of Hydrogen Energy，2011，36（12）：6957-6969.

[134] FRANK L D. An analysis of the effect of the economic situation on modeling and forecasting the diffusion of wireless communications in Finland[J]. Technology Forecast & Social Change，2004，71（4）：391-403.

[135] 张娴，田鹏伟，茹丽洁，等. 专利前向引用遵循 Logistic 扩散模型再验证[J]. 知识管理论坛，2017，2（2）：110-119.

[136] 章元明，盖钧镒. Logistic 模型的参数估计[J]. 四川畜牧兽医学院学报，1994，8（2）：47-52.

[137] MEYER M. What is special about patent citations? Differences between scientific and patent citations[J]. Scientometrics，2000（1）：93-123.

[138] 李睿，孟连生. 论基于专利引文的科学-技术关联探测方法中存在的问题[J]. 情报理论与实践，2010，33（3）：87-90.

[139] 李睿. 基于专利引文分析的科学-技术关联探测模型改进[D]. 北京：中国科学院研究生院，2011.

[140] 肖晓伟，肖迪，林锦国，等. 多目标优化问题的研究概述[J]. 计算机应用研究，2011，28（3）：805-808，827.

[141] COELLO C A，LAMONT G B，VAN VELDHUIZEN D A. Evolutionary Algorithms for Solving Multi-Objective Problems[M]. New York：Springer-Verlag，2007.

[142] 刘鎏. 多目标优化进化算法及应用研究[D]. 天津：天津大学，2009.

[143] COHON J L. Multiobjective Programming and Planning[M]. New York：Academic Press，1978.

[144] 李锋. 基于偏好信息的多目标旅行商问题 Pareto 优化求解[J]. 系统工程学报，2011，26（5）：592-598.

[145] ZENG R Q. Approximating Pareto sets using neighborhood-based multi-objective metaheuristics[D]. Angers：University of Angers，France，June 2012.

[146] RAO S S. Multi-objective optimization in structural design with uncertain parameters and stochastic processes[J]. AIAA Journal，1984，22（1）：1670-1678.

[147] 孟小丁. 求解多目标优化问题的若干算法概述[J]. 信息通信，2015（7）：8-9.

[148] BROCKHOFF D. Many-objective optimization and Hypervolume-based search[D]. Zurich：ETH Zurich，2009.

[149] ZITZLER E，THIELE L. Multi-objective evolutionary algorithms：A comparative case study and the strength Pareto approach[J]. IEEE Transactions on Evolutionary Computation，1999，3（4）：257-271.

[150] 唐云岚，赵青松，高妍方，等. Pareto 最优概念的多目标进化算法综述[J]. 计算机科学，2008，35（10）：25-27，57.

[151] HAJELA P，LIN C Y. Genetic search strategies in multicriterion optimal design[J]. Structural Optimization，1992，4（2）：99-107.

[152] ESCHENAUER H A. Multicriteria Optimization for Highly Accurate Focusing Systems [M]//Stadler W. Multicriteria Optimization in Engineering and Science. Berlin：Springer，1988：309-352.

[153] GOLDBERG D E. Genetic Algorithms in Search，Optimization and Machine Learning[M]. New York：Addison-Wesley Professional，1989.

[154] GONG M G，JIAO L C，YANG D D，et al. Research on evolutionary multi-objective optimization algorithms[J]. Journal of Software，2009，20（2）：271-289.

[155] HORN J，NAFPLIOTIS N，GOLDBERG D E. A niche Pareto genetic algorithm for multi-objective optimization[C]. Proceedings of International Conference on Evolutionary Computation，1994：82-87.

[156] ERICKSON M，MAYER A，HORN J. The niched Pareto genetic algorithm 2 applied to the design of groundwater remediation system[C]. Proceedings of the 1st International Conference on Evolutionary Multi-Criterion Optimization（EMO 2001）. Zurich，Switzerland：2001：681-695.

[157] FONSECA C M，FLEMING P J. Genetic algorithms for multiobjective optimization：Formulation，discussion and generalization[C]. Proceedings of the 5th International Conference on Genetic Algorithms，Urbana-Champaign，IL，USA，1993：416-423.

[158] OEIC K，GOLDBERG D E，CHANG S J. Tournament selection，niching，and the preservation of diversity[R]. TIK Report No. 91011，Illinois Genetic Algorithm Laboratory，University of Illinois at Urbana-Champaign，Urbana，Illinois，USA，1991.

[159] KNOWLES J D，CORNE D W. Approximating the non-dominated front using the Pareto archived evolution strategy[J]. Evolutionary Computation，2000，8（2）：149-172.

[160] BASSEUR M，LIEFOOGHE A，LE K，et al. The efficiency of indicator-based local search for multi-objective combinatorial optimization problems[J]. Journal of Heuristics，2012，18：263-296.

[161] HU Z Y，FANG S. A SAO-based approach for technology evolution analysis using patent information：Case study on graphene sensor[C]. Istanbul：15th International Society of Scientometrics and Informetrics Conference，2015.

[162] 杨铁军. 专利文献研究[M]. 北京：知识产权出版社，2010.

[163] World Intellectual Property Organization. Guide to the international patent classification（version 2016）[OL]. [2017-03-07]. http://www.wipo.int/export/sites/www/classifications/ipc/en/guide/guide_ipc.pdf.

[164] ZENG R Q，BASSEUR M，HAO J K. Solving bi-objective flow shop problem with hybrid path relinking algorithm[J]. Applied Soft Computing，2013，13（10）：4118-4132.

[165] SCIENCE NEWS STAFF. Breakthrough of the year：The runners up[J]. Science，2009，326（5960）：1600-1607.

[166] 赵扬. 石墨烯结构调控、功能组装及其应用研究[D]. 北京：北京理工大学，2015.

[167] 马廷灿，万勇，冯瑞华. 石墨烯专利技术国际研发态势分析[J]. 科学观察，2012（3）：25-36.

[168] "高附加值石墨烯终端产品技术与市场分析"课题组. 高附加值石墨烯终端产品技术与市场分析[R]. 成都：中国科学院成都文献情报中心，2017.

[169] 田晶，张超. 石墨烯产业发展综述[J]. 江苏科技信息，2016（3）：22-24.

[170] 陈长益，吴华珠. 我国石墨烯领域专利信息可视化分析[J]. 现代情报，2014，34（3）：120-124.

[171] CLARIVATE ANALYTICS. Thomson innovation[OL]. [2017-04-02]. http://info.thomsoninnovation.com/zh/features.

[172] 林聚任. 社会网络分析：理论、方法与应用[M]. 北京：北京师范大学出版社，2009.

[173] EVENTOFF FRANKLIN NEAL. Bounceless switch apparatus：US，4315238A[P]. [1982-02-09].

[174] INTERLINK ELECTRONICS INC. Digitizer pad：US，4739299A[P]. [1988-04-19].

[175] INTERLINK ELECTRONICS INC. Force sensing semiconductive touchpad：US，5943044A[P]. [1999-08-24].

[176] INTERLINK ELECTRONICS INC. Force sensing semiconductive touchpad：US，6239790B1[P]. [2001-05-29].

[177] APPLE INC. Method and apparatus for integrating manual input：US，7339580B2[P]. [2008-03-04].

[178] APPLE INC. Capacitive sensing arrangement：US，7764274B2[P]. [2010-07-27].

[179] APPLE INC. Multi-touch touch surface：US，8314775B2[P]. [2012-11-20].

[180] APPLE INC. Generating control signals from multiple contacts：US，8330727B2[P]. [2012-12-11].

[181] APPLE INC. Multi-touch contact tracking using predicted paths：US，8334846B2[P]. [2012-12-18].

[182] APPLE INC. Contact tracking and identification module for touch sensing：US，8482533B2[P]. [2013-07-09].

[183] APPLE INC. Identifying contacts on a touch surface：US，8593426B2[P]. [2013-11-26].

[184] APPLE INC. Touch sensor contact information：US，8698755B2[P]. [2014-04-15].

[185] APPLE INC. Sensor arrangement for use with a touch sensor that identifies hand parts：US，9098142B2[P]. [2015-08-04].

[186] APPLE INC. Touch sensor contact information：US，9298310B2[P]. [2016-03-29].

[187] APPLE INC. Resting contacts：US，9448658B2[P]. [2016-09-20].

[188] UNIAX CORPORATION. Image sensors made from organic semiconductors：US，6300612B1[P]. [2001-10-09].

[189] THE REGENTS OF THE UNIVERSITY OF CALIFORNIA. Nanowires，nanostructures and devices fabricated therefrom：US，6882051B2[P]. [2005-04-19].

[190] INVISAGE TECHNOLOGIES INC. Materials，systems and methods for optoelectronic devices：US，7923801B2[P]. [2011-04-12].

[191] INVISAGE TECHNOLOGIES INC. Materials，systems and methods for optoelectronic devices：US，8269260B2[P]. [2012-09-18].

[192] INVISAGE TECHNOLOGIES INC. Materials，systems and methods for optoelectronic devices：US，8441090B2[P]. [2013-05-14].

[193] INVISAGE TECHNOLOGIES INC. Materials，systems and methods for optoelectronic devices：US，8476727B2[P]. [2013-07-02].

[194] INVISAGE TECHNOLOGIES INC. Materials，systems and methods for optoelectronic devices：US，8558286B2[P]. [2013-10-15].

[195] INVISAGE TECHNOLOGIES INC. Materials，systems and methods for optoelectronic devices：US，8643064B2[P]. [2014-02-04].

[196] IMEC. Wavelength-sensitive detector with elongate nanostructures：US，7598482B1[P]. [2009-10-06].

[197] INVISAGE TECHNOLOGIES INC. Materials，systems and methods for optoelectronic devices：US，8004057B2[P]. [2011-08-23].

[198] INVISAGE TECHNOLOGIES INC. Materials，systems and methods for optoelectronic devices：US，8513758B2[P]. [2013-08-20].

[199] INVISAGE TECHNOLOGIES INC. Photodetectors and photovoltaics based on semiconductor nanocrystals：US，8803128B2[P]. [2014-08-12].

[200] INVISAGE TECHNOLOGIES INC. Photodetectors and photovoltaics based on semiconductor nanocrystals：US，9257582B2[P]. [2016-02-09].

[201] 中国电力科学院. 中国对智能电网的定义[OL]. [2009-12-21]. http://www.china5e.com/show.php?contentid = 45281.

[202] 中国电力网. 美国将在智能电网中推广应用超导电缆[OL]. [2009-12-21]. http://info.electric.hc360.com/2009/04/15090481682.shtml.

[203] 中国电线电缆网. 高温超导电缆国际竞争激烈[OL]. [2009-12-21]. http://www.cwc.net.cn/news/shownews.asp?newsid = 23481.

[204] 中国电线电缆网. 国外高温超导电缆的研究与开发[OL]. [2009-12-21]. http://www.cwc.net.cn/news/shownews.asp?newsid = 24997.

[205] 美国能源部电力传输和分配办公室. "GRID 2030" A National Vision For Electricity's Second 100 Years[OL]. [2009-11-05]. http://www. ferc.gov/eventcalendar/files/20050608125055-grid-2030.pdf.

[206] 英大网. 国外智能电网研究与应用[OL]. [2009-12-21]. http://www.indaa.com.cn/dwxw/dwjs/200905/t20090522_165939.html.

[207] 信赢，侯波. 21世纪电力传输新材料高温超导电缆综述与展望[J]. 电线电缆，2004（1）：3-9.

[208] 赵忠贤. 液氮温区超导合金及其制备方法：中国，CN1037365[P]. [1987-03-02].

[209] US ENERGY. High specific heat superconducting composite：US，4171464A[P]. [1979-10-16].

[210] MASSACHUSETTS INSTITUTE OF TECHNOLOGY. Preparation of superconducting oxides and oxide-metal composites：US，4826808A[P]. [1989-05-02].

[211] AT&T BELL LABORATORIES. Apparatus and systems comprising a clad superconductive oxide body，and method for producing such body：US，4952554A[P]. [1990-08-28].

[212] FURUKAWA ELECTRIC CO LTD. Ceramic superconductor wire and method of manufacturing the same：US，5296456A[P]. [1994-03-22].

[213] AMERICAN SUPERCONDUCTOR CORP. Performance of oxide dispersion strengthened superconductor composites：US，6305070B1[P]. [2001-10-23].

[214] AMERICAN SUPERCONDUCTOR CORP. Precursor composites for oxygen dispersion hardened silver sheathed superconductor composites：US，5914297A[P]. [1999-06-22].

[215] ADVANCED TECHNOLOGY MATERIALS INC. Superconducting composite article，and method of making the same：US，5132278A[P]. [1992-07-21].

[216] THE UNIVERSITY OF CHICAGO. Shielded high-Tc bscco tapes or wires for high field applications：US，6466805B2[P]. [2002-10-15].

[217] METAL MANUFACTURES LIMITED. Superconducting tapes：US，6600939B1[P]. [2003-07-29].

[218] GENERAL ELECTRIC COMPANY. Structural reinforced superconducting ceramic tape and method of making：US，6711421B2[P]. [2004-03-23].

[219] REY CHRISTOPHER M. Method of forming superconducting magnets using stacked LTS/HTS coated conductor：US，6925316B2[P]. [2005-08-02].

[220] NEXANS. Method for producing a superconductive electrical conductor：US，7622425B2[P]. [2009-11-24].

[221] NEXANS. Method for producing a superconductive electrical conductor：US，7737086B2[P]. [2010-06-15].

[222] ISFORT DIRK，BOCK JOACHIM，DRISCOLL JUDITH，et al. Coated conductor with simplified layer architecture：US，7910521B2[P]. [2011-03-22].

[223] NEXANS，CAMBRIDGE ENTERPRISE LIMITED. Coated conductor with simplified layer architecture：US，8008233B2[P]. [2011-08-30].

[224] FIRST SOLAR INC. Temperature-adjusted spectrometer：US，8734536B2[P]. [2014-05-27].

[225] SIEMENS AG. Superconducting alternating current cable：US，3595982A[P]. [1971-07-27].

[226] FURUKAWA ELECTRIC CO LTD. Cryogenic power cable：US，4039740A[P]. [1977-08-02].

[227] GULF OIL CORP. Alternating current superconductive transmission system：US，3612742A[P]. [1971-10-12].

[228] SIEMENS AG. Superconducting cable：US，3749811A[P]. [1973-07-31].

[229] ELECTRIC POWER RES. INST. Cryogenic cable and method of making same：US，4394534A[P]. [1983-07-15].

[230] AGENCY OF INDUSTRIAL SCIENCE AND TECHNOLOGY. Superconducting wire and cable：US，4977039A[P]. [1990-12-11].

[231] SUMITOMO ELECTRIC INDUSTRIES. High-temperature superconductive conductor winding：US，5506198A[P]. [1996-04-09].

[232] AMERICAN SUPERCONDUCTOR CORPORATION. Superconducting synchronous motor construction：US，5777420A[P]. [1998-07-07].

[233] AMERICAN SUPERCONDUCTOR CORPORATION. Rotating machine having superconducting windings：US，6066906A[P]. [2000-05-23].

[234] RELIANCE ELECTRIC TECHNOLOGIES LLC. Method for manufacturing a rotor having superconducting coils：US，6169353B1[P]. [2001-01-02].

[235] GENERAL ELECTRIC COMPANY. High temperature super-conducting coils supported by an iron core rotor：US，6617714B2[P]. [2003-09-09].

[236] IGC SUPER POWER LLC. Low alternating current（AC）loss superconducting coils：US，6794970B2[P]. [2004-09-21].

[237] SUPERPOWER INC. Superconducting articles，and methods for forming and using same：US，7365271B2[P]. [2008-04-29].

[238] AMERICAN SUPERCONDUCTOR CORPORATION. Low resistance splice for high temperature superconductor wires：US，8030246B2[P]. [2011-10-04].

[239] AMERICAN SUPERCONDUCTOR CORPORATION. Low resistance splice for high temperature superconductor wires：US，8263531B2[P]. [2012-09-11].

[240] 张娴，高利丹，田倩飞，等. 智能电网高温超导电缆专利分析[R]. 成都：中国科学院成都文献情报中心，2010.

附　录

附表 1　石墨烯传感技术"种子"专利检索策略

序号	检索策略
#1	TS =（sensor* or transducer* or（sensing same（element* or devic* or unit* or organ* or apparatus* or system*））or（sense same organ*）or Photosensor* or microsensor* or chemosensor* or multisensory* or hypersensor*） database = Cderwent，Ederwent，Mderwent Timespan = 2000-2011
#2	TS =（graphene*） database = Cderwent，Ederwent，Mderwent Timespan = 2000-2011
#3	PN =（US*） database = Cderwent，Ederwent，Mderwent Timespan = 2000-2011
#4	#1 and #2 and #3 database = CDerwent，EDerwent，MDerwent Timespan = 2000-2011

附表 2　石墨烯传感技术专利引用网络"成分"构成

成分序号	节点数/个	节点数占总量比/%	代表性专利节点
1	1553	92.6058	US3523829A
2	10	0.5963	US3322565A
3	9	0.5367	US7541715B2
4	9	0.5367	US7955614B2
5	6	0.3578	US4335350A
6	6	0.3578	US6390529B1
7	6	0.3578	US7687808B2
8	5	0.2982	US6197418B1
9	5	0.2982	US7029945B2
10	4	0.2385	US6538374B2
11	4	0.2385	US8257867B2
12	3	0.1789	US5539219A
13	3	0.1789	US6113771A
14	3	0.1789	US6277255B1
15	3	0.1789	US6730401B2
16	3	0.1789	US6782892B2
17	3	0.1789	US7321193B2
18	3	0.1789	US7361989B1

成分序号	节点数/个	节点数占总量比/%	代表性专利节点
19	3	0.1789	US7785557B2
20	3	0.1789	US8078359B2
21	3	0.1789	US8519045B2
22	2	0.1193	US6472153B1
23	2	0.1193	US6503570B2
24	2	0.1193	US6927618B2
25	2	0.1193	US7282742B2
26	2	0.1193	US7286740B2
27	2	0.1193	US7777505B2
28	2	0.1193	US7790113B2
29	2	0.1193	US7794833B2
30	2	0.1193	US7852330B2
31	2	0.1193	US8247060B2
32	2	0.1193	US8337721B2
33	2	0.1193	US8385885B2
34	2	0.1193	US8535726B2
35	2	0.1193	US8668972B2
36	2	0.1193	US9096050B2
合计	1677	100.0000	—

附表3　石墨烯传感技术专利引用网络SPC主路径专利节点信息

专利号	专利名称	申请年	专利权人	被引次数/次	引用次数/次
US4315238A	Bounceless switch apparatus	1980	Interlink Electronics Inc.	184	5
US4739299A	Digitizer pad	1986	Interlink Electronics Inc.	160	4
US5943044A	Force sensing semiconductive touchpad	1997	Interlink Electronics Inc.	426	14
US6239790B1	Force sensing semiconductive touchpad	1999	Interlink Electronics Inc.	297	12
US7339580B2	Method and apparatus for integrating manual input	2004	Apple Inc.	419	209
US7764274B2	Capacitive sensing arrangement	2006	Apple Inc.	74	291
US8314775B2	Multi-touch touch surface	2006	Apple Inc.	55	489
US8330727B2	Generating control signals from multiple contacts	2006	Apple Inc.	38	500
US8334846B2	Multi-touch contact tracking using predicted paths	2006	Apple Inc.	37	500

专利号	专利名称	申请年	专利权人	被引次数/次	引用次数/次
US8441453B2	Contact tracking and identification module for touch sensing	2009	Apple Inc.；Westerman Wayne Carl；Elias John Greer	26	504
US8466880B2	Multi-touch contact motion extraction	2008	Apple Inc.；Westerman Wayne Carl；Elias John Greer	25	510
US8466881B2	Contact tracking and identification module for touch sensing	2009	Apple Inc.；Westerman Wayne Carl；Elias John Greer	26	502
US8482533B2	Contact tracking and identification module for touch sensing	2009	Apple Inc.；Westerman Wayne Carl；Elias John Greer	22	505
US8593426B2	Identifying contacts on a touch surface	2013	Apple Inc.	17	516
US8698755B2	Touch sensor contact information	2007	Apple Inc.	16	523
US8902175B2	Contact tracking and identification module for touch sensing	2009	Apple Inc.；Westerman Wayne Carl；Elias John Greer	13	531
US9001068B2	Touch sensor contact information	2014	Apple Inc.	9	525
US9098142B2	Sensor arrangement for use with a touch sensor that identifies hand parts	2013	Apple Inc.	11	533
US9239673B2	Gesturing with a multipoint sensing device	2012	Apple Inc.	2	915
US9298310B2	Touch sensor contact information	2014	Apple Inc.	1	536
US9329717B2	Touch sensing with mobile sensors	2007	Apple Inc.	0	541
US9342180B2	Contact tracking and identification module for touch sensing	2009	Apple Inc.；Westerman Wayne；Elias John G	3	537
US9348452B2	Writing using a touch sensor	2009	Apple Inc.；Westerman Wayne；Elias John G	0	539
US9383855B2	Identifying contacts on a touch surface	2008	Apple Inc.；Westerman Wayne；Elias John G	1	542
US9448658B2	Resting contacts	2007	Apple Inc.	0	541

附表 4　石墨烯传感技术专利引用网络最大连通子图基本属性（片断）

Vertices* 1553				
1	"US3523829A"	0.2084	0.7569	0.5000
2	"US3539530A"	0.2293	0.5642	0.5000
3	"US3811943A"	0.6564	0.6356	0.5000
4	"US3840407A"	0.7066	0.5569	0.5000
5	"US3848218A"	0.2419	0.5975	0.5000
6	"US3864659A"	0.2501	0.5844	0.5000
7	"US3883367A"	0.7044	0.6170	0.5000
8	"US3890176A"	0.3294	0.4726	0.5000

	Vertices* 1553			
9	"US3903427A"	0.7080	0.4135	0.5000
10	"US3915741A"	0.6448	0.6302	0.5000
11	"US3951815A"	0.1821	0.6321	0.5000
12	"US3966492A"	0.6987	0.6092	0.5000
13	"US3974122A"	0.2550	0.5804	0.5000
14	"US3980496A"	0.6845	0.6144	0.5000
15	"US4017332A"	0.6828	0.3635	0.5000
16	"US4024319A"	0.6928	0.5794	0.5000
17	"US4029858A"	0.7750	0.6582	0.5000
18	"US4033731A"	0.1885	0.6130	0.5000
19	"US4038464A"	0.7103	0.6171	0.5000
20	"US4044191A"	0.6885	0.6369	0.5000
……	……	……	……	……
1541	"US9399580B2"	0.6282	0.6424	0.5000
1542	"US9403112B2"	0.4028	0.7266	0.5000
1543	"US9410923B2"	0.4231	0.5695	0.5000
1544	"US9412484B2"	0.5105	0.7282	0.5000
1545	"US9416010B2"	0.4278	0.7794	0.5000
1546	"US9418770B2"	0.6116	0.5261	0.5000
1547	"US9422162B2"	0.4900	0.4335	0.5000
1548	"US9434981B2"	0.5299	0.5968	0.5000
1549	"US9441076B2"	0.5449	0.7175	0.5000
1550	"US9448658B2"	0.1465	0.2566	0.5000
1551	"US9450043B2"	0.6141	0.2983	0.5000
1552	"US9458295B2"	0.6473	0.7037	0.5000
1553	"USRE44469E1"	0.7569	0.2084	0.5000

	Arcs*	
1	1394	1
1	1400	1
1	1426	1
2	631	1
2	999	1
2	1342	1
3	12	1
3	14	1
3	17	1

Arcs*		
3	20	1
3	25	1
3	1394	1
3	1400	1
3	1426	1
4	1394	1
4	1400	1
4	1426	1
5	598	1
5	821	1
5	853	1
……	……	……
1404	1516	1
1433	1490	1
1433	1507	1
1433	1520	1
1433	1522	1
1433	1524	1
1433	1534	1
1433	1550	1
1439	1514	1
1439	1516	1
1456	1490	1
1456	1507	1
1456	1520	1
1456	1522	1
1456	1524	1
1456	1534	1
1456	1550	1
1463	1545	1
1481	1545	1
1507	1550	1

附表 5　石墨烯传感技术专利引用网络最大连通子图连边 SPC（片断）

弧 ID	被引节点 ID	施引节点 ID	被引专利号	施引专利号	弧 SPC
1	1	1394	US3523829A	US8865361B2	0.00000100597245849
2	1	1400	US3523829A	US8889312B2	0.00000100597245849
3	1	1426	US3523829A	US8974939B2	0.00000100597245849
4	2	631	US3539530A	US7211637B2	0.00000201194491697

弧 ID	被引节点 ID	施引节点 ID	被引专利号	施引专利号	弧 SPC
5	2	999	US3539530A	US8012420B2	0.00000100597245849
6	2	1342	US3539530A	US8691390B2	0.00000100597245849
7	3	12	US3811943A	US3966492A	0.00000301791737546
8	3	14	US3811943A	US3980496A	0.00000301791737546
9	3	17	US3811943A	US4029858A	0.00000301791737546
10	3	20	US3811943A	US4044191A	0.00000603583475092
11	3	25	US3811943A	US4127705A	0.00000301791737546
12	3	1394	US3811943A	US8865361B2	0.00000100597245849
13	3	1400	US3811943A	US8889312B2	0.00000100597245849
14	3	1426	US3811943A	US8974939B2	0.00000100597245849
15	4	1394	US3840407A	US8865361B2	0.00000100597245849
16	4	1400	US3840407A	US8889312B2	0.00000100597245849
17	4	1426	US3840407A	US8974939B2	0.00000100597245849
18	5	598	US3848218A	US7138090B2	0.00000301791737546
19	5	821	US3848218A	US7645422B2	0.00000201194491697
20	5	853	US3848218A	US7708947B2	0.00000100597245849
……	……	……	……	……	……
8193	1404	1516	US8906285B2	US9321894B2	0.00001710153179426
8194	1433	1490	US9001068B2	US9239673B2	0.01659552800000000
8195	1433	1507	US9001068B2	US9298310B2	0.01659552800000000
8196	1433	1520	US9001068B2	US9329717B2	0.01659552800000000
8197	1433	1522	US9001068B2	US9342180B2	0.01659552800000000
8198	1433	1524	US9001068B2	US9348452B2	0.01659552800000000
8199	1433	1534	US9001068B2	US9383855B2	0.01659552800000000
8200	1433	1550	US9001068B2	US9448658B2	0.01659552800000000
8201	1439	1514	US9039938B2	US9318231B2	0.00002313736654518
8202	1439	1516	US9039938B2	US9321894B2	0.00002313736654518
8203	1456	1490	US9098142B2	US9239673B2	0.04250636000000000
8204	1456	1507	US9098142B2	US9298310B2	0.04250636000000000
8205	1456	1520	US9098142B2	US9329717B2	0.04250636000000000
8206	1456	1522	US9098142B2	US9342180B2	0.04250636000000000
8207	1456	1524	US9098142B2	US9348452B2	0.04250636000000000
8208	1456	1534	US9098142B2	US9383855B2	0.04250636000000000
8209	1456	1550	US9098142B2	US9448658B2	0.04250636000000000
8210	1463	1545	US9114405B2	US9416010B2	0.00000100597245849
8211	1481	1545	US9221064B2	US9416010B2	0.00000100597245849
8212	1507	1550	US9298310B2	US9448658B2	0.12808544300000000

附表 6　石墨烯传感技术专利被引频次（自申请后 T 年累计量）

申请年	数量/项	被引频次（自申请后 T 年累计）																		
		1	2	3	4	5	6	7	8	9	10	11	……	47	48	49	50	51	52	53
1961	18	1	5	7	9	21	29	40	48	50	57	67	……	468	492	541	583	634	647	665
1962	31	0	11	20	34	50	71	88	95	106	129	145	……	991	1151	1231	1257	1301	1336	—
1963	24	0	9	24	47	59	67	78	82	91	102	116	……	1548	1595	1653	1699	1725	—	—
1964	31	8	15	32	51	65	75	89	98	105	122	132	……	1203	1243	1285	1310	—	—	—
1965	28	2	8	19	27	40	47	59	69	90	103	114	……	1138	1165	1179	—	—	—	—
1966	54	5	19	28	50	71	97	129	170	194	230	252	……	1900	1937	—	—	—	—	—
1967	45	1	7	20	42	71	97	116	143	170	190	209	……	2131	—	—	—	—	—	—
1968	56	1	6	17	37	64	102	139	174	190	210	231	……	—	—	—	—	—	—	—
1969	49	2	9	33	60	91	127	160	188	211	229	249	……	—	—	—	—	—	—	—
1970	71	1	19	66	126	190	253	297	341	381	421	469	……	—	—	—	—	—	—	—
……	……	……	……	……	……	……	……	……	……	……	……	……	……	……	—	—	—	—	—	—	—
2004	1492	1812	5534	10942	17128	23219	29715	36815	43389	49464	54505		……	—	—	—	—	—	—	—
2005	1373	1867	5384	10275	15311	21010	27486	33652	39361	44036			……	—	—	—	—	—	—	—
2006	1186	1885	4933	8962	13678	19096	24746	29950	34199				……	—	—	—	—	—	—	—
2007	916	1611	4338	8603	13546	18821	23952	28101					……	—	—	—	—	—	—	—
2008	699	1290	3525	6830	10618	14270	17357						……	—	—	—	—	—	—	—
2009	620	1153	3326	6312	9650	12457							……	—	—	—	—	—	—	—
2010	454	742	2165	3940	5653								……	—	—	—	—	—	—	—

附表 7　石墨烯传感技术专利引用网络最大连通子图连边技术生命周期修正系数（片断）

弧 ID	被引节点 ID	施引节点 ID	被引专利号	施引专利号	$\Delta T = T_2 - T_1 + 1$	技术生命周期修正系数
1	1	1394	US3523829A	US8865361B2	46	0.999999095
2	1	1400	US3523829A	US8889312B2	46	0.999999095
3	1	1426	US3523829A	US8974939B2	45	0.999998775
4	2	631	US3539530A	US7211637B2	37	0.999986223
5	2	999	US3539530A	US8012420B2	39	0.999992477
6	2	1342	US3539530A	US8691390B2	40	0.999994441
7	3	20	US3811943A	US4044191A	5	0.819431411
8	3	12	US3811943A	US3966492A	5	0.819431411
9	3	14	US3811943A	US3980496A	5	0.819431411
10	3	17	US3811943A	US4029858A	5	0.819431411
11	3	25	US3811943A	US4127705A	7	0.892592487
12	3	1394	US3811943A	US8865361B2	40	0.999994441
13	3	1400	US3811943A	US8889312B2	40	0.999994441
14	3	1426	US3811943A	US8974939B2	39	0.999992477
15	4	1394	US3840407A	US8865361B2	39	0.999992477
16	4	1400	US3840407A	US8889312B2	39	0.999992477
17	4	1426	US3840407A	US8974939B2	38	0.999989819
18	5	598	US3848218A	US7138090B2	31	0.999915401
19	5	821	US3848218A	US7645422B2	34	0.999965860
20	5	853	US3848218A	US7708947B2	33	0.999953801
……	……	……	……	……	……	……
8199	1433	1534	US9001068B2	US9383855B2	2	0.646799393
8200	1433	1550	US9001068B2	US9448658B2	2	0.646799393
8201	1439	1514	US9039938B2	US9318231B2	3	0.712488313
8202	1439	1516	US9039938B2	US9321894B2	6	0.859965084
8203	1456	1490	US9098142B2	US9239673B2	2	0.646799393
8204	1456	1507	US9098142B2	US9298310B2	2	0.646799393
8205	1456	1520	US9098142B2	US9329717B2	2	0.646799393
8206	1456	1522	US9098142B2	US9342180B2	2	0.646799393
8207	1456	1524	US9098142B2	US9348452B2	2	0.646799393
8208	1456	1534	US9098142B2	US9383855B2	2	0.646799393
8209	1456	1550	US9098142B2	US9448658B2	2	0.646799393
8210	1463	1545	US9114405B2	US9416010B2	2	0.646799393
8211	1481	1545	US9221064B2	US9416010B2	2	0.646799393
8212	1507	1550	US9298310B2	US9448658B2	1	0.575053549

附表 8　石墨烯传感技术专利与 IPC 分类号关联矩阵（片断）

ID	H01M	C08L	G01N	H01C	G03F	H01L	C08G	B01D	C25C	H05K	......	B41J	B64D	G01G	B07C
1	1	0	0	0	0	0	0	0	0	0	......	0	0	0	0
2	0	2	0	0	0	0	0	0	0	0	......	0	0	0	0
3	2	0	0	0	0	0	0	0	0	0	......	0	0	0	0
4	1	0	0	0	0	0	0	0	0	0	......	0	0	0	0
5	0	0	1	1	0	0	0	0	0	0	......	0	0	0	0
6	0	0	1	0	0	0	0	0	0	0	......	0	0	0	0
7	2	0	0	0	1	2	0	0	0	0	......	0	0	0	0
8	0	0	0	0	0	0	0	0	0	0	......	0	0	0	0
9	0	0	0	0	0	0	0	0	0	0	......	0	0	0	0
10	2	0	0	0	0	0	0	0	0	0	......	0	0	0	0
......	......	......	......	......	......	......	......	......	......	......	......	......	......	......	......
1546	0	0	0	0	0	0	0	0	0	0	......	0	0	0	0
1547	0	0	0	0	0	0	0	0	0	0	......	0	0	0	0
1548	0	0	0	0	0	0	0	0	0	0	......	0	0	0	0
1549	0	1	0	0	0	0	0	0	0	0	......	0	0	0	0
1550	0	0	0	0	0	0	3	0	0	0	......	0	0	0	0
1551	0	0	0	0	0	13	0	0	0	0	......	0	0	0	0
1552	0	0	0	0	0	0	0	0	0	0	......	0	0	0	0
1553	0	0	0	0	0	0	0	0	0	0	......	0	0	0	0

附表 9　石墨烯传感技术专利引用网络最大连通子图专利节点欧氏距离（片断）

ID	1	2	3	4	5	6	7	8	9	10	......	1550	1551	1552	1553
1	0														
2	4.629593147	0													
3	0.906348388	4.8885105	0												
4	0	4.629593147	0.906348388	0											
5	4.314319279	6.197059686	4.59105141	4.314319279	0										
6	1.027056818	4.565637262	1.87596586	1.027056818	4.190286999	0									
7	0.906348388	4.8885105	0	0.906348388	4.59105141	1.87596586	0								
8	9.941389575	10.89134632	10.06457296	9.941389575	10.76111717	9.911767631	10.06457296	0							
9	1.195027903	4.606331468	1.972940418	1.195027903	4.28934817I	0.916516554	1.972940418	9.93057820 9	0						
10	0.906348388	4.8885105	0	0.906348388	4.59105141	1.87596586	0	10.06457296	1.972940418	0					
......	......	......	......	......	......	......	......	......	......	......	......				
1546	11.56049945	12.38602180	11.66659975	11.56049945	12.27255327	11.53503613	11.66659975	15.19320373	11.5512036	11.66659975	......				
1547	12.64095187	13.40089035	12.73805583	12.64095187	13.29526533	12.61766916	12.73805583	16.03065676	12.63245111	12.73805583	......				
1548	2.22196238	4.972656707	2.720573289	2.22196238	4.68054835	2.085432263	2.720573289	10.10571169	2.173079314	2.720573289	......				
1549	9.464496063	9.420998797	9.593804664	9.464496063	10.32216556	9.433376736	9.593804664	13.66619836	9.4531393	9.593804664	......				
1550	15.74688778	16.36321095	15.82494477	15.74688778	16.27682066	15.7282066	15.82494477	18.57828751	15.74006454	15.82494477	......	0			
1551	8.203726534	9.332273408	8.352576324	8.203726534	9.179953436	8.167805088	8.352576324	12.82534292	7.694164685	8.352576324	......	17.70939494	0		
1552	12.426894	13.19916256	12.52565753	12.426894	13.09191012	12.40320948	12.52565753	15.86240796	12.41824671	12.52565753	......	20.0187221	13.52605579	0	
1553	16.13974492	16.74161175	16.21591096	16.13974492	16.6571841	16.12151597	16.21591096	18.91242073	16.13308783	16.21591096	......	22.51250555	18.0596113	20.32919393	0

附表 10 石墨烯传感技术专利引用网络最大连通子图专利技术相似度（片断）

ID	1	2	3	4	5	6	7	8	9	10	......	1550	1551	1552	1553
1	1														
2	0.177633	1													
3	0.524563	0.169822	1												
4	1	0.177633	0.524563	1											
5	0.188171	0.138946	0.178857	0.188171	1										
6	0.493326	0.179674	0.347709	0.493326	0.192668	1									
7	0.524563	0.169822	1	0.524563	0.178857	0.347709	1								
8	0.091396	0.084095	0.090379	0.091396	0.085026	0.091644	0.090379	1							
9	0.455575	0.17837	0.336367	0.455575	0.189059	0.52178	0.336367	0.091486	1						
10	0.524563	0.169822	1	0.524563	0.178857	0.347709	1	0.090379	0.336367	1					
......	......	......	......	......	......	......	......	......	......	......	......				
1546	0.079615	0.0747	0.078948	0.079615	0.075343	0.079776	0.078948	0.061754	0.079674	0.078948	......				
1547	0.073309	0.06944	0.072791	0.073309	0.069953	0.073434	0.072791	0.058718	0.073354	0.072791	......				
1548	0.31037	0.16743	0.268776	0.31037	0.176039	0.324104	0.268776	0.090044	0.315151	0.268776	......				
1549	0.095561	0.09596	0.094395	0.095561	0.088322	0.095846	0.094395	0.068184	0.095665	0.094395	......				
1550	0.059713	0.057593	0.059436	0.059713	0.057881	0.059779	0.059436	0.051077	0.059737	0.059436	......	1			
1551	0.108652	0.096784	0.106922	0.108652	0.098232	0.109077	0.106922	0.072331	0.11502	0.106922	......	0.053449	1		
1552	0.074477	0.070427	0.073934	0.074477	0.070963	0.074609	0.073934	0.059304	0.074525	0.073934	......	0.047577	0.068842	1	
1553	0.058344	0.056365	0.058086	0.058344	0.056634	0.058406	0.058086	0.05022	0.058367	0.058086	......	0.042531	0.052467	0.046884	1

附表 11　石墨烯传感技术专利引用网络最大连通子图引用动机类型修正系数（片断）

弧 ID	被引节点 ID	施引节点 ID	被引专利号	施引专利号	引用动机类型修正系数
1	1	1394	US3523829A	US8865361B2	0.199
2	1	1400	US3523829A	US8889312B2	0.199
3	1	1426	US3523829A	US8974939B2	0.199
4	2	631	US3539530A	US7211637B2	0.298
5	2	999	US3539530A	US8012420B2	0.199
6	2	1342	US3539530A	US8691390B2	0.199
7	3	20	US3811943A	US4044191A	0.298
8	3	12	US3811943A	US3966492A	0.298
9	3	14	US3811943A	US3980496A	0.298
10	3	17	US3811943A	US4029858A	0.298
11	3	25	US3811943A	US4127705A	0.298
12	3	1394	US3811943A	US8865361B2	0.199
13	3	1400	US3811943A	US8889312B2	0.199
14	3	1426	US3811943A	US8974939B2	0.199
15	4	1394	US3840407A	US8865361B2	0.199
16	4	1400	US3840407A	US8889312B2	0.199
17	4	1426	US3840407A	US8974939B2	0.199
18	5	598	US3848218A	US7138090B2	0.199
19	5	821	US3848218A	US7645422B2	0.199
20	5	853	US3848218A	US7708947B2	0.199
21	5	999	US3848218A	US8012420B2	0.199
22	5	1342	US3848218A	US8691390B2	0.199
23	6	61	US3864659A	US4621249A	0.298
24	6	65	US3864659A	US4673910A	0.298
25	6	598	US3864659A	US7138090B2	0.199
26	6	821	US3864659A	US7645422B2	0.199
27	6	853	US3864659A	US7708947B2	0.199
28	6	999	US3864659A	US8012420B2	0.199
29	6	1342	US3864659A	US8691390B2	0.199
30	7	1394	US3883367A	US8865361B2	0.199
……	……	……	……	……	……
8198	1433	1524	US9001068B2	US9348452B2	0.497
8199	1433	1534	US9001068B2	US9383855B2	0.497
8200	1433	1550	US9001068B2	US9448658B2	0.497
8201	1439	1514	US9039938B2	US9318231B2	0.298
8202	1439	1516	US9039938B2	US9321894B2	0.497
8203	1456	1490	US9098142B2	US9239673B2	0.497
8204	1456	1507	US9098142B2	US9298310B2	0.497

弧 ID	被引节点 ID	施引节点 ID	被引专利号	施引专利号	引用动机类型 修正系数
8205	1456	1520	US9098142B2	US9329717B2	0.497
8206	1456	1522	US9098142B2	US9342180B2	0.497
8207	1456	1524	US9098142B2	US9348452B2	0.497
8208	1456	1534	US9098142B2	US9383855B2	0.298
8209	1456	1550	US9098142B2	US9448658B2	0.497
8210	1463	1545	US9114405B2	US9416010B2	0.298
8211	1481	1545	US9221064B2	US9416010B2	0.298
8212	1507	1550	US9298310B2	US9448658B2	0.497

附表 12　石墨烯传感技术专利引用网络主路径多目标优化模型结果输出（片断）

$f_1(x)$	$f_2(x)$	fitness	path
0.003812036	8.604001724	3803.901817	US4224595A　US4631952A　US5150603A　US5512882A US5911872A US6455319B1 US6631333B1 US8394330B1
0.000666073	0.237965391	−4.026301015	US4268815A　US5847639A　US6563415B2　US8587422B2 US8746075B2
8.83E−6	5.242124	2018.745	US3811943A US4044191A US4578325A US8889312B2
0.003847	8.525536	3762.236	US4129030A　US4631952A　US5150603A　US5512882A US5911872A US6455319B1 US6631333B1 US8394330B1
0.000777	2.947598	800.3514	US3848218A US7138090B2 US8012420B2 US8691390B2
0.000786	3.130216	897.3213	US3864659A　US4621249A　US7138090B2　US8012420B2 US8691390B2
0.947915146	23.81043926	11878.52015	US4315238A　US4810992A　US5943044A　US6239790B1 US7339580B2　US7764274B2　US8330727B2　US8441453B2 US8593426B2 US8698755B2 US9001068B2 US9329717B2
0.814548797	21.84678357	10835.81898	US4489302A　US5943044A　US6239790B1　US7339580B2 US7764274B2　US8330727B2　US8441453B2　US8593426B2 US8698755B2 US9001068B2 US9329717B2
0.000425	3.60494	1149.4	US3903427A　US5468652A　US8093675B2　US8546742B2 US8835905B2
8.39E−6	3.373065	1026.275	US3915741A US4038464A US4230778A US8889312B2
……	……	……	……
0.000393	0.327788	−4.17134	US7888155B2 US8546742B2 US8835905B2
2.02E−5	1.098073	−4.36925	US7897963B2 US8164089B2 US9024288B2
0.000612	0.051041	−4.05499	US7898530B2 US8587422B2 US8746075B2
0.001212461	5.546765681	2180.509478	US4663230A　US5591312A　US6183714B1　US6426134B1 US7274078B2　US7538337B2　US7838809B2　US8013286B2 USRE44469E1
0.021586	26.41672	13262.45	US7923801B2　US8004057B2　US8269260B2　US8441090B2 US8476727B2　US8513758B2　US8558286B2　US8643064B2 US8803128B2 US9257582B2
0.000629418	0.765181165	−4.045764951	US6326649B1 US8299472B2 US8546742B2 US8835905B2

附表 13　石墨烯传感技术专利引用网络多目标 **Pareto** 最优主路径（**Top 6**）节点信息

专利号	专利名称	申请年	专利权人	被引次数/次	引用次数/次
US4315238A	Bounceless switch apparatus	1980	Interlink Electronics Inc	184	5
US4810992A	Digitizer pad	1988	Interlink Electronics Inc.	247	5
US5943044A	Force sensing semiconductive touchpad	1997	Interlink Electronics	433	14
US6239790B1	Force sensing semiconductive touchpad	1999	Interlink Electronics	302	12
US6300612B1	Image sensors made from organic semiconductors	1999	Uniax Corporation	273	18
US6323846B1	Method and apparatus for integrating manual input	1999	University of Delaware	2431	22
US6882051B2	Nanowires，nanostructures and devices fabricated therefrom	2002	The Regents of the University of California	619	20
US6888536B2	Method and apparatus for integrating manual input	2001	The University of Delaware	619	34
US7339580B2	Method and apparatus for integrating manual input	2004	Apple Inc.	425	209
US7598482B1	Wavelength-sensitive detector with elongate nanostructures	2006	IMEC	77	7
US7764274B2	Capacitive sensing arrangement	2006	Apple Inc.	75	291
US7923801B2	Materials，systems and methods for optoelectronic devices	2008	InVisage Technologies Inc.	69	29
US8004057B2	Materials，systems and methods for optoelectronic devices	2010	InVisage Technologies Inc.	44	48
US8269260B2	Materials，systems and methods for optoelectronic devices	2011	InVisage Technologies Inc.	27	113
US8330727B2	Generating control signals from multiple contacts	2006	Apple Inc.	39	500
US8441090B2	Materials，systems and methods for optoelectronic devices	2011	InVisage Technologies Inc.；Tian Hui；Sargent Edward	25	134
US8441453B2	Contact tracking and identification module for touch sensing	2009	Apple Inc.；Westerman Wayne Carl；Elias John Greer	27	504
US8476727B2	Materials，systems and methods for optoelectronic devices	2011	InVisage Technologies Inc.；Tian Hui；Sargent Edward	20	136
US8513758B2	Materials，systems and methods for optoelectronic devices	2011	InVisage Technologies Inc.；Tian Hui；Sargent Edward	12	133
US8558286B2	Materials，systems and methods for optoelectronic devices	2011	InVisage Technologies Inc.；Tian Hui；Sargent Edward	16	128
US8593426B2	Identifying contacts on a touch surface	2013	Apple Inc.	18	516

续表

专利号	专利名称	申请年	专利权人	被引次数/次	引用次数/次
US8643064B2	Materials，systems and methods for optoelectronic devices	2011	InVisage Technologies Inc.；Tian Hui；Sargent Edward	10	142
US8698755B2	Touch sensor contact information	2007	Apple Inc.；Westerman Wayne；Elias John G.	17	523
US8803128B2	Photodetectors and photovoltaics based on semiconductor nanocrystals	2011	InVisage Technologies Inc.；Sargent Edward Hartley；Koleilat Ghada；Levina Larissa	5	170
US9001068B2	Touch sensor contact information	2014	Apple Inc.	10	525
US9257582B2	Photodetectors and photovoltaics based on semiconductor nanocrystals	2014	InVisage Technologies Inc.	1	198
US9329717B2	Touch sensing with mobile sensors	2007	Apple Inc.；Westerman Wayne；Elias John G.	1	541

附表 14　高温超导电缆技术"种子"专利检索策略

序号	检索策略
#1	（TS =（（"high temperature superconduct*" or "high temperature ultra conduct*" or HTS or "high-temperature superconduct*" or "high-temperature ultra-conduct*" or "high temperature ultraconduct*" or "high-temperature ultraconduct*" or "high-temperature ultra conduct*"）same（wire* or tape* or ribbon or cable* or "current lead" or "power transmission line*" or strip*))) database = Cderwent，Ederwent，Mderwent Timespan = 1987-2009
#2	（TS =（（（"high temp*" or "high-temp*"）same（"super conduct*" or superconduct* or "super-conduct*" or "ultra conduct*" or "ultra-conduct*" or ultraconduct*)) or HTS)) same（TS =（wire* or tape* or ribbon or cable* or "current lead" or "power transmission line*" or strip* or "power line*")) database = Cderwent，Ederwent，Mderwent Timespan = 1987-2009
#3	（IP =（H01B-012* or H01L-039* or H01B-013*)) database = Cderwent，Ederwent，Mderwent Timespan = 1987-2009
#4	PN =（US*) database = Cderwent，Ederwent，Mderwent Timespan = 1987-2009
# 5	（#1 or（（#2 not #1）and #3)) and #4 database = CDerwent，EDerwent，MDerwent Timespan = 1987-2009

附表 15　高温超导电缆技术专利引用网络"成分"构成

成分序号	节点数/个	节点数占总量比/%	代表性专利节点
1	1854	72.1120	US2532562A
2	333	12.9522	US2751908A
3	151	5.8732	US2489503A
4	55	2.1392	US3713148A
5	39	1.5169	US4585615A
6	25	0.9724	US4973584A

续表

成分序号	节点数/个	节点数占总量比/%	代表性专利节点
7	18	0.7001	US2940869A
8	18	0.7001	US3678737A
9	15	0.5834	US5431971A
10	11	0.4278	US5642024A
11	8	0.3112	US5969973A
12	7	0.2723	US4472290A
13	6	0.2334	US4231222A
14	6	0.2334	US4915861A
15	5	0.1945	US4997809A
16	5	0.1945	US5728194A
17	5	0.1945	US6346801B1
18	4	0.1556	US5837414A
19	2	0.0778	US4433098A
20	2	0.0778	US6669641B2
21	2	0.0778	US7205256B2
合计	2571	100.0000	——

附表 16　高温超导电缆技术专利引用网络 SPC 主路径专利节点信息

专利号	专利名称	申请年	专利权人	被引次数/次	引用次数/次
US4171464A	High specific heat superconducting composite	1977	The United State of America as represented by the U. S. Department of Energy	23	8
US4826808A	Preparation of superconducting oxides and oxide-metal composites	1987	Massachusetts Institute of Technology	129	18
US4952554A	Apparatus and systems comprising a clad superconductive oxide body, and method for producing such body	1987	AT&T Bell Laboratories	76	18
US5132278A	Superconducting composite article, and method of making the same	1990	Advanced Technology Materials Inc.	79	27
US5296456A	Ceramic superconductor wire and method of manufacturing the same	1990	Furukawa Electric Co. Ltd.	36	16
US5914297A	Precursor composites for oxygen dispersion hardened silver sheathed superconductor composites	1996	American Superconductor Corp.	8	8
US6305070B1	Performance of oxide dispersion strengthened superconductor composites	1996	American Superconductor Corporation	10	15
US6466805B2	Shielded high-Tc bscco tapes or wires for high field applications	2001	The University of Chicago	11	12
US6600939B1	Superconducting tapes	2000	Metal Manufactures Limited	15	40
US6711421B2	Structural reinforced superconducting ceramic tape and method of making	2001	General Electric Company	9	14

专利号	专利名称	申请年	专利权人	被引次数/次	引用次数/次
US6925316B2	Method of forming superconducting magnets using stacked LTS/HTS coated conductor	2003	Rey Christopher M.	18	23
US7622425B2	Method for producing a superconductive electrical conductor	2007	Nexans	7	15
US7737086B2	Method for producing a superconductive electrical conductor	2007	Nexans	4	8
US7910521B2	Coated conductor with simplified layer architecture	2008	Isfort，Dirk；Bock，Joachim；Driscoll，Judith Louise；Kursumovic，Ahmed	0	11
US8008233B2	Coated conductor with simplified layer architecture	2008	Nexans；Cambridge Enterprise Limited	0	11
US8734536B2	Temperature-adjusted spectrometer	2011	First Solar Inc.；Beck Markus E.；Yu Ming Lun	2	27

附表 17　高温超导电缆技术专利引用网络最大连通子图网络基本属性（片断）

Vertices* 1854				
1	"US2532562A"	0.5377	0.5243	0.5000
2	"US2621445A"	0.4004	0.3087	0.5000
3	"US2680938A"	0.7584	0.4268	0.5000
4	"US2787185A"	0.5600	0.3018	0.5000
5	"US2844745A"	0.2822	0.5252	0.5000
6	"US2896572A"	0.1798	0.5925	0.5000
7	"US2936435A"	0.5565	0.5327	0.5000
8	"US3090207A"	0.1840	0.7480	0.5000
9	"US3115612A"	0.3498	0.2326	0.5000
10	"US3152033A"	0.4531	0.6555	0.5000
11	"US3158794A"	0.4866	0.6020	0.5000
12	"US3243871A"	0.4311	0.7179	0.5000
13	"US3272175A"	0.2840	0.3783	0.5000
14	"US3281737A"	0.4121	0.4611	0.5000
15	"US3283277A"	0.7038	0.4670	0.5000
16	"US3296695A"	0.3695	0.3223	0.5000
17	"US3303320A"	0.4690	0.3189	0.5000
18	"US3306972A"	0.5495	0.6403	0.5000

	Vertices* 1854			
19	"US3325888A"	0.4153	0.5193	0.5000
20	"US3473217A"	0.7016	0.4994	0.5000
……	……	……	……	……
1841	"US9439287B2"	0.6945	0.2595	0.5000
1842	"US9444213B2"	0.6762	0.2655	0.5000
1843	"US9470869B2"	0.5192	0.2817	0.5000
1844	"US9487669B2"	0.6618	0.3704	0.5000
1845	"US9496073B2"	0.5882	0.5577	0.5000
1846	"US9502153B2"	0.5345	0.7022	0.5000
1847	"US9508476B2"	0.5758	0.4459	0.5000
1848	"USH1239H1"	0.6698	0.6887	0.5000
1849	"USRE32178E1"	0.6825	0.6534	0.5000
1850	"USRE33387E1"	0.4574	0.3461	0.5000
1851	"USRE34298E1"	0.2617	0.6512	0.5000
1852	"USRE36488E1"	0.4358	0.4008	0.5000
1853	"USRE36782E1"	0.7449	0.5582	0.5000
1854	"USRE42819E1"	0.7951	0.2718	0.5000
	Arcs*			
1	850	1		
1	1775	1		
2	1337	1		
3	107	1		
3	1337	1		
4	1335	1		
5	1130	1		
5	1499	1		
6	1672	1		
6	1775	1		
7	11	1		
7	163	1		
7	248	1		
7	1432	1		

	Arcs*	
8	904	1
9	687	1
10	608	1
10	1496	1
11	417	1
11	564	1
……	……	……
1704	1802	1
1709	1822	1
1715	1748	1
1722	1792	1
1754	1789	1
1758	1819	1
1770	1834	1
1770	1838	1
1792	1837	1
1848	959	1
1849	1189	1
1849	1538	1
1850	1393	1
1850	1561	1
1850	1852	1
1851	1264	1
1852	1393	1
1852	1561	1
1853	1432	1
1854	1674	1

附表 18　高温超导电缆技术专利引用网络最大连通子图连边 SPC（片断）

弧 ID	被引节点 ID	施引节点 ID	被引专利号	施引专利号	弧 SPC
1	1	850	US2532562A	US5972160A	0.0000083000000000
2	1	1775	US2532562A	US8900365B2	0.0000041000000000
3	2	1337	US2621445A	US6908362B2	0.0000621000000000
4	3	107	US2680938A	US4254585A	0.0001863000000000

弧 ID	被引节点 ID	施引节点 ID	被引专利号	施引专利号	弧 SPC
5	3	1337	US2680938A	US6908362B2	0.0000621000000000
6	4	1335	US2787185A	US6906008B2	0.0000290000000000
7	5	1130	US2844745A	US6489701B1	0.0001739000000000
8	5	1499	US2844745A	US7619345B2	0.0000041000000000
9	6	1672	US2896572A	US8353257B2	0.0000041000000000
10	6	1775	US2896572A	US8900365B2	0.0000041000000000
11	7	11	US2936435A	US3158794A	0.0001904000000000
12	7	163	US2936435A	US4617789A	0.0034692000000000
13	7	248	US2936435A	US4977039A	0.0030262000000000
14	7	1432	US2936435A	US7317369B2	0.0000041000000000
15	8	904	US3090207A	US6069395A	0.0000041000000000
16	9	687	US3115612A	US5647116A	0.0000041000000000
17	10	608	US3152033A	US5508106A	0.0000248000000000
18	10	1496	US3152033A	US7608785B2	0.0000124000000000
19	11	417	US3158794A	US5219832A	0.0000621000000000
20	11	564	US3158794A	US5432150A	0.0000290000000000
……	……	……	……	……	……
6745	1704	1802	US8478374B2	US9093200B2	0.0000290000000000
6746	1709	1822	US8512798B2	US9276190B2	0.0001780000000000
6747	1715	1748	US8532725B2	US8739396B2	0.0068224000000000
6748	1722	1792	US8574728B2	US9017809B2	0.0016973000000000
6749	1754	1789	US8748747B2	US9006576B2	0.0002898000000000
6750	1758	1819	US8774883B2	US9236167B2	0.0002691000000000
6751	1770	1834	US8876483B2	US9394882B2	0.0024259000000000
6752	1770	1838	US8876483B2	US9429140B2	0.0024259000000000
6753	1792	1837	US9017809B2	US9427808B2	0.0033947000000000
6754	1848	959	USH1239H1	US6191074B1	0.0000373000000000
6755	1849	1189	USRE32178E1	US6586370B1	0.0000869000000000
6756	1849	1538	USRE32178E1	US7745376B2	0.0000041000000000
6757	1850	1393	USRE33387E1	US7146034B2	0.0000207000000000
6758	1850	1561	USRE33387E1	US7805173B2	0.0000041000000000
6759	1850	1852	USRE33387E1	USRE36488E1	0.0000248000000000
6760	1851	1264	USRE34298E1	US6713437B2	0.0000083000000000
6761	1852	1393	USRE36488E1	US7146034B2	0.0001242000000000
6762	1852	1561	USRE36488E1	US7805173B2	0.0000248000000000
6763	1853	1432	USRE36782E1	US7317369B2	0.0000083000000000
6764	1854	1674	USRE42819E1	US8354592B2	0.0000166000000000

附表 19 高温超导电缆技术专利被引频次（自申请后 T 年累计量）

申请年	数量/项	被引频次（自申请后 T 年累计）																			
		1	2	3	4	5	6	7	8	9	10	11	……	46	47	48	49	50	51	52	53
1961	69	1	9	41	74	124	163	195	226	250	274	301	……	1214	1232	1250	1277	1302	1340	1379	1421
1962	70	6	36	74	142	209	263	293	324	359	394	430	……	1531	1562	1597	1627	1677	1741	1781	1794
1963	85	6	36	90	140	209	265	307	343	381	410	458	……	1904	1932	1966	2009	2049	2085	2102	2106
1964	96	7	35	85	138	182	241	290	341	395	439	487	……	2261	2322	2400	2483	2551	2586	2593	2593
1965	103	27	58	94	132	179	230	289	348	404	455	512	……	2058	2099	2146	2194	2215	2224	2225	
1966	123	22	63	123	186	251	318	380	453	524	598	644	……	2934	2998	3037	3065	3075	3076		
1967	126	6	24	55	118	178	232	280	332	393	426	458	……	2773	2859	2900	2918	2918			
1968	123	3	19	77	142	241	326	397	470	516	566	617	……	3734	3798	3819	3820				
1969	159	2	18	98	216	324	434	532	626	696	757	844	……	4188	4200	4201					
1970	163	3	41	129	215	309	407	490	561	633	694	754	……	3970	3973						
……	……											……									
2004	76	23	61	123	183	254	357	452	554	608	652	……								
2005	62	5	8	24	44	66	109	169	213	248											
2006	55	4	13	19	52	76	115	140	166												
2007	60	4	11	23	37	63	80	91													
2008	52	7	12	22	32	41	55														
2009	53	8	12	31	43	68															
2010	52	3	9	13	19																

附表 20　高温超导电缆技术专利引用网络最大连通子图连边技术生命周期修正系数（片断）

弧 ID	被引节点 ID	施引节点 ID	被引专利号	施引专利号	$\Delta T = T_2 - T_1 + 1$	技术生命周期修正系数
1	1	850	US2532562A	US5972160A	48	0.9999999909
2	1	1775	US2532562A	US8900365B2	59	0.9999999999
3	2	1337	US2621445A	US6908362B2	58	0.9999999998
4	3	107	US2680938A	US4254585A	31	0.9999935839
5	3	1337	US2680938A	US6908362B2	56	0.9999999996
6	4	1335	US2787185A	US6906008B2	51	0.9999999971
7	5	1130	US2844745A	US6489701B1	47	0.9999999866
8	5	1499	US2844745A	US7619345B2	54	0.9999999991
9	6	1672	US2896572A	US8353257B2	54	0.9999999991
10	6	1775	US2896572A	US8900365B2	53	0.9999999987
11	7	11	US2936435A	US3158794A	6	0.9100462686
12	7	163	US2936435A	US4617789A	29	0.9999861235
13	7	248	US2936435A	US4977039A	34	0.9999979828
14	7	1432	US2936435A	US7317369B2	49	0.9999999938
15	8	904	US3090207A	US6069395A	36	0.9999990673
16	9	687	US3115612A	US5647116A	37	0.9999993658
17	10	608	US3152033A	US5508106A	35	0.9999986284
18	10	1496	US3152033A	US7608785B2	45	0.9999999710
19	11	417	US3158794A	US5219832A	30	0.9999905643
20	11	564	US3158794A	US5432150A	32	0.9999956372
……	……	……	……	……	……	……
6751	1770	1834	US8876483B2	US9394882B2	2	0.8238713942
6752	1770	1838	US8876483B2	US9429140B2	1	0.6838236640
6753	1792	1837	US9017809B2	US9427808B2	1	0.5952471347
6754	1848	959	USH1239H1	US6191074B1	8	0.5952471347
6755	1849	1189	USRE32178E1	US6586370B1	18	0.9562948357
6756	1849	1538	USRE32178E1	US7745376B2	22	0.9990351764
6757	1850	1393	USRE33387E1	US7146034B2	16	0.9997935818
6758	1850	1561	USRE33387E1	US7805173B2	19	0.9979156257
6759	1850	1852	USRE33387E1	USRE36488E1	11	0.9993437419
6760	1851	1264	USRE34298E1	US6713437B2	12	0.9858347924
6761	1852	1393	USRE36488E1	US7146034B2	6	0.9903241574
6762	1852	1561	USRE36488E1	US7805173B2	9	0.9100462686
6763	1853	1432	USRE36782E1	US7317369B2	10	0.9698600427
6764	1854	1674	USRE42819E1	US8354592B2	3	0.9793059928

附表 21　高温超导电缆技术专利与 IPC 分类号关联矩阵（片断）

ID	F26B	D01D	C23D	B24B	F16B	H02K	C23C	G11C	H01L	F16L	……	G01F	G01H	F16K	F23N
1	1	1	1	0	0	0	0	0	0	0	……	0	0	0	0
2	0	0	0	1	0	0	0	0	0	0	……	0	0	0	0
3	0	0	0	2	0	0	0	0	0	0	……	0	0	0	0
4	0	0	0	0	1	1	0	0	0	0	……	0	0	0	0
5	0	0	0	0	0	0	0	0	0	0	……	0	0	0	0
6	0	0	0	0	0	0	1	1	0	0	……	0	0	0	0
7	0	0	0	0	0	0	0	0	2	0	……	0	0	0	0
8	0	0	0	0	0	0	0	1	2	0	……	0	0	0	0
9	0	0	0	0	0	0	0	1	0	1	……	0	0	0	0
10	0	0	0	0	0	0	0	0	0	0	……	0	0	0	0
……	……	……	……	……	……	……	……	……	……	……	……	……	……	……	……
1847	0	0	0	0	0	0	0	0	0	0	……	0	0	2	0
1848	0	0	0	0	0	0	0	0	0	0	……	0	0	0	0
1849	0	0	0	0	0	0	0	0	1	0	……	0	0	0	0
1850	0	0	0	0	0	0	0	0	0	0	……	0	0	0	0
1851	0	0	0	0	0	0	0	0	0	0	……	0	0	0	3
1852	0	0	0	0	0	0	0	0	0	0	……	0	0	0	0
1853	0	0	0	0	0	0	0	0	0	0	……	0	0	0	0
1854	0	0	0	0	0	0	0	0	0	0	……	0	0	0	0

附表 22　高温超导电缆技术专利引用网络最大连通子图专利节点欧氏距离（片断）

ID	1	2	3	4	5	6	7	8	9	10	......	1851	1852	1853	1854
1	0														
2	56.38324867	0													
3	57.08678338	5.158491574	0												
4	70.75634739	43.36600091	44.27685785	0											
5	56.1674803	5.37914395	10.42906015	43.08509202	0										
6	56.15978766	5.298215772	10.38755006	43.07506303	1.945818428	0									
7	56.44181036	7.734810683	11.8176733	43.44211391	5.961745994	5.888829767	0								
8	56.17277616	5.434162472	10.45754406	43.09199562	2.290249062	2.093117649	6.011434724	0							
9	56.46767255	7.921324558	11.94058159	43.47570986	6.201814392	6.131753622	1.708826045	5.763441765	0						
10	56.5138693	8.244195707	12.15717355	43.53569487	6.609227024	6.543529826	8.635623227	6.654082506	8.803071906	0					
......	......	......	......	......	......	......	......	......	......	......	......				
1847	71.21080775	44.10361075	44.99953985	61.42083071	43.82742977	43.81757068	44.17845297	43.83421645	44.21148938	44.27047744	......				
1848	56.21083313	5.814387463	10.6600754	43.14159323	3.085809548	2.942468572	6.357226379	3.180747193	6.582887945	6.968055238	......				
1849	56.65261359	9.147019567	12.7866365	43.71564859	7.706042172	7.649770368	9.501325835	7.553670078	9.501325835	9.920416281	......				
1850	56.30264591	6.643589143	11.13406407	43.26115164	4.45560273	4.357556244	7.123517555	4.521872159	7.325611839	7.67358905	......				
1851	77.0322098	52.99160854	53.73956346	68.08451028	52.76197205	52.7527276	53.0539141	52.76760963	53.08142695	53.13056811	......	0			
1852	56.30264591	6.643589143	11.13406407	43.26115164	4.45560273	4.357556244	7.123517555	4.521872159	7.325611839	7.67358905	......	52.90583882	0		
1853	56.427869	7.632413721	11.75090827	43.42399917	5.828280896	5.753673516	8.05363054	5.879097749	8.232924834	8.54402899	......	53.03908223	7.012199745	0	
1854	56.25445455	6.221976942	10.88775014	43.19841388	3.798436001	3.682935892	6.732029614	3.875957713	6.945524399	7.311613316	......	52.85445044	5.443363218	6.614126218	0

附表 23　高温超导电缆技术专利引用网络最大连通子图专利技术相似度（片断）

ID	1	2	3	4	5	6	7	8	9	10	......	1851	1852	1853	1854
1	1														
2	0.017427	1													
3	0.017216	0.162377	1												
4	0.013936	0.02254	0.022086	1											
5	0.017492	0.156761	0.087496	0.022683	1										
6	0.017495	0.158775	0.087815	0.022689	0.339464	1									
7	0.017409	0.114484	0.078017	0.022501	0.143642	0.145163	1								
8	0.017491	0.15542	0.087279	0.02268	0.303928	0.323298	0.142624	1							
9	0.017401	0.112091	0.077276	0.022484	0.138854	0.140218	0.369164	0.147854	1						
10	0.017387	0.108176	0.076004	0.022454	0.131419	0.132564	0.103782	0.130649	0.102009	1					
......	......	......	......	......	......	......	......	......	......	......	......				
1847	0.013848	0.022171	0.021739	0.01602	0.022308	0.022313	0.022134	0.022304	0.022118	0.022089	......				
1848	0.017479	0.146748	0.085763	0.022654	0.24475	0.253648	0.135921	0.239192	0.131876	0.125501	......				
1849	0.017345	0.098551	0.072534	0.022364	0.114863	0.11561	0.095226	0.116909	0.095226	0.091572	......				
1850	0.017451	0.130829	0.082413	0.022593	0.183298	0.186652	0.123099	0.181098	0.120111	0.115293	......				
1851	0.012815	0.018521	0.018268	0.014475	0.018601	0.018603	0.0185	0.018599	0.018491	0.018474	......	1			
1852	0.017451	0.130829	0.082413	0.022593	0.183298	0.186652	0.123099	0.181098	0.120111	0.115293	......	0.018551	1		
1853	0.017413	0.115842	0.078426	0.02251	0.14645	0.148068	0.110453	0.145368	0.108308	0.104778	......	0.018505	0.12481	1	
1854	0.017466	0.138466	0.08412	0.022625	0.208401	0.213541	0.129332	0.205088	0.125857	0.120314	......	0.018569	0.155198	0.131335	1

附表 24　高温超导电缆技术专利引用网络最大连通子图引用动机类型修正系数（片断）

弧 ID	被引节点 ID	施引节点 ID	被引专利号	施引专利号	引用动机类型修正系数
1	1	850	US2532562A	US5972160A	0.298
2	1	1775	US2532562A	US8900365B2	0.298
3	2	1337	US2621445A	US6908362B2	0.298
4	3	107	US2680938A	US4254585A	0.298
5	3	1337	US2680938A	US6908362B2	0.298
6	4	1335	US2787185A	US6906008B2	0.298
7	5	1130	US2844745A	US6489701B1	0.298
8	5	1499	US2844745A	US7619345B2	0.199
9	6	1672	US2896572A	US8353257B2	0.298
10	6	1775	US2896572A	US8900365B2	0.298
11	7	11	US2936435A	US3158794A	0.298
12	7	163	US2936435A	US4617789A	0.298
13	7	248	US2936435A	US4977039A	0.298
14	7	1432	US2936435A	US7317369B2	0.298
15	8	904	US3090207A	US6069395A	0.298
16	9	687	US3115612A	US5647116A	0.298
17	10	608	US3152033A	US5508106A	0.298
18	10	1496	US3152033A	US7608785B2	0.199
19	11	417	US3158794A	US5219832A	0.298
20	11	564	US3158794A	US5432150A	0.298
21	11	740	US3158794A	US5756427A	0.298
22	11	860	US3158794A	US5987731A	0.298
23	11	1037	US3158794A	US6308399B1	0.199
24	11	1182	US3158794A	US6574852B2	0.199
25	11	1348	US3158794A	US6949490B2	0.199
26	12	36	US3243871A	US3665595A	0.298
27	12	917	US3243871A	US6103669A	0.298
28	12	978	US3243871A	US6218340B1	0.298
29	13	58	US3272175A	US3884787A	0.298
30	13	72	US3272175A	US4013539A	0.298
……	……	……	……	……	……
6751	1770	1834	US8876483B2	US9394882B2	0.298
6752	1770	1838	US8876483B2	US9429140B2	0.298
6753	1792	1837	US9017809B2	US9427808B2	0.298
6754	1848	959	USH1239H1	US6191074B1	0.298

续表

弧 ID	被引节点 ID	施引节点 ID	被引专利号	施引专利号	引用动机类型修正系数
6755	1849	1189	USRE32178E1	US6586370B1	0.199
6756	1849	1538	USRE32178E1	US7745376B2	0.199
6757	1850	1393	USRE33387E1	US7146034B2	0.199
6758	1850	1561	USRE33387E1	US7805173B2	0.199
6759	1850	1852	USRE33387E1	USRE36488E1	0.298
6760	1851	1264	USRE34298E1	US6713437B2	0.298
6761	1852	1393	USRE36488E1	US7146034B2	0.199
6762	1852	1561	USRE36488E1	US7805173B2	0.199
6763	1853	1432	USRE36782E1	US7317369B2	0.298
6764	1854	1674	USRE42819E1	US8354592B2	0.298

附表 25　高温超导电缆技术专利引用网络主路径多目标优化模型结果输出（片断）

$f_1(x)$	$f_2(x)$	fitness	path
2.47E-5	0.014875	-9.14309	US2532562A US5972160A US8900365B2
0.003882	0.228453	-6.92539	US2621445A US6908362B2 US7627356B2 US8470744B2
0.004068	0.286961	-6.81827	US2680938A US4254585A US6908362B2 US7627356B2 US8470744B2
0.002544	0.421351	-7.6946	US2787185A US6906008B2 US7074744B2 US9470869B2
0.00663332	0.960302241	222.6516241	US3704600A US4111002A US4366680A US5469711A US5848532A US6489701B1 US9425655B2
9.78E-6	0.03688	-9.15169	US2896572A US8353257B2 US8900365B2
0.067972	1.774668	690.9122	US2936435A US4977039A US5506198A US5777420A US6066906A US6169353B1 US6617714B2 US6794970B2 US7365271B2 US8030246B2 US8263531B2
3.25E-5	0.309936	-9.13862	US3090207A US6069395A US7804172B2
0.005616698	0.734244438	92.66838737	US3828111A US5623240A US6216333B1 US6512311B1 US7009104B2 US7263845B2 US8214005B2
0.007992	0.186139	-4.56169	US3152033A US5508106A US7608785B2 US7786386B2
……	……	……	……
0.057122	1.875965	749.1575	US5168259A US5506198A US5777420A US6066906A US6169353B1 US6617714B2 US6794970B2 US7365271B2 US8030246B2 US8263531B2
0.000245	0.509929	-9.01659	US5170044A US6032861A US6543691B1 US7805173B2
0.057171	1.721429	660.2994	US5173678A US5506198A US5777420A US6066906A US6169353B1 US6617714B2 US6794970B2 US7365271B2 US8030246B2 US8263531B2
0.063809	1.954772	794.4717	US5189260A US6066599A US6311385B1 US6507746B2 US6745059B2 US7781376B2 US8188010B2
0.000245	0.837926	152.2852	US5189292A US6032861A US6543691B1 US7805173B2
0.000255	0.087916	-9.01063	US5196100A US7501145B2 US8758579B2

附表 26 高温超导电缆技术专利引用网络多目标 Pareto 最优主路径（Top 10）节点信息

专利号	专利名称	申请年	专利权人	被引次数/次	引用次数/次
US3502783A	Electric cable for polyphase current	1967	Comp Generale Electricite	15	3
US3595982A	Supercounducting alternating current cable	1968	Siemens AG	48	9
US3600498A	Superconductive cable for carrying either alternating or direct current	1969	Campagnie General D'Electricite	6	4
US3612742A	Alternating current superconductive transmission system	1969	Gulf Oil Corp	46	5
US3749811A	Superconducting cable	1972	Siemens AG	48	5
US4039740A	Cryogenic power cable	1975	Furukawa Electric Co. Ltd	66	17
US4171464A	High specific heat superconducting composite	1977	US Energy	23	8
US4195199A	Superconducting composite conductor and method of manufacturing same	1978	Vacuumschmelze AG	25	9
US4377032A	Superconducting cable	1981	BBC Brown Boveri & CIE	9	4
US4394534A	Cryogenic cable and method of making same	1980	Electric Power Res Inst	19	30
US4395584A	Cable shaped cryogenically cooled stabilized superconductor	1981	Siemens AG	9	9
US4594218A	Method of producing multifilament lengths of superconductor from ternary chalcogenides of molybdenum	1985	Alsthom Atlantique	16	5
US4826808A	Preparation of superconducting oxides and oxide-metal composites	1987	Massachusetts Institute of Technology	129	18
US4845308A	Superconducting electrical conductor	1987	The Babcock & Wilcox Co	91	14
US4857675A	Forced flow superconducting cable and method of manufacture	1987	Oxford Superconducting Technology	17	7
US4952554A	Apparatus and systems comprising a clad superconductive oxide body，and method for producing such body	1987	AT&T Bell Lab	76	18
US4954479A	Composite superconducting strand having a high critical temperature，and method of manufacture	1988	Alsthom SA	22	2
US4965249A	Method of manufacturing a superconducting wire	1988	Philips Corp	41	11
US4970197A	Oxide superconductor	1988	Fujikura Ltd	30	1
US4977039A	Superconducting wire and cable	1990	Agency IndScience Tech	24	11
US4980964A	Superconducting wire	1988	BOEKE JAN	34	12
US5132278A	Superconducting composite article，and method of making the same	1990	Advanced Technology Materials	79	27
US5296456A	Ceramic superconductor wire and method of manufacturing the same	1990	Furukawa Electric Co. Ltd	36	16
US5506198A	High-temperature superconductive conductor winding	1994	Sumitomo Electric Industries	11	13
US5777420A	Superconducting synchronous motor construction	1996	American Superconductor Corp	88	15

专利号	专利名称	申请年	专利权人	被引次数/次	引用次数/次
US5914297A	Precursor composites for oxygen dispersion hardened silver sheathed superconductor composites	1996	American Superconductor Corp	8	8
US6066906A	Rotating machine having superconducting windings	1999	American Superconductor Corp	97	2
US6169353B1	Method for manufacturing a rotor having superconducting coils	1999	Reliance Electric Tech	61	17
US6305070B1	Performance of oxide dispersion strengthened superconductor composites	1996	American Superconductor Corp	10	15
US6466805B2	Shielded high-Tc bscco tapes or wires for high field applications	2001	Univ Chicago	11	12
US6600939B1	Superconducting tapes	2000	Metal Manufactures Ltd	16	40
US6617714B2	High temperature super-conducting coils supported by an iron core rotor	2001	General Electric	18	17
US6711421B2	Structural reinforced superconducting ceramic tape and method of making	2001	General Electric	9	14
US6794970B2	Low alternating current（AC）loss superconducting coils	2003	IGC Super Power LLC	13	8
US6925316B2	Method of forming superconducting magnets using stacked LTS/HTS coated conductor	2003	Rey Christopher Mark	18	23
US7365271B2	Superconducting articles，and methods for forming and using same	2003	Superpower Inc	12	24
US7622425B2	Method for producing a superconductive electrical conductor	2007	Nexans	7	15
US7737086B2	Method for producing a superconductive electrical conductor	2007	Nexans	4	8
US7910521B2	Coated conductor with simplified layer architecture	2008		0	11
US8030246B2	Low resistance splice for high temperature superconductor wires	2007	American Superconductor Corp	5	60
US8263531B2	Low resistance splice for high temperature superconductor wires	2011	American Superconductor Corp	0	45